Lebensmittel- und Umweltanalytik mit der Kapillar-GC

Herausgegeben von
Lothar Matter

VCH

Vertrieb:

VCH, Postfach 10 1161, D-69451 Weinheim (Bundesrepublik Deutschland)

Schweiz: VCH, Postfach, CH-4020 Basel (Schweiz)

Großbritannien und Irland: VCH (UK) Ltd., 8 Wellington Court,
    Cambridge CB1 1HZ (England)

USA und Canada: VCH, 220 East 23rd Street, New York, NY 10010–4606 (USA)

Japan: VCH, Eikow Building, 10-9 Hongo 1-chome, Bunkyo-ku, Tokyo 113, Japan

ISBN 3-527-28595-4

Lebensmittel- und Umweltanalytik mit der Kapillar-GC

Tips, Tricks und Beispiele für die Praxis

Herausgegeben von
Lothar Matter

VCH

Weinheim · New York
Basel · Cambridge · Tokyo

Dipl.-Ing. Lothar Matter
Lebensmittelchemiker
Averbruchstraße 48
D-46535 Dinslaken

Lektorat: Dr. Steffen Pauly
Herstellerische Betreuung: Claudia Grössl

Bildnachweis (siehe gegenüberliegende Seite):
aus: Grob, On Column Injection in Capillary Gas Chromatography,
Hüthig Buch Verlag, Heidelberg, 1987.

Die Deutsche Bibliothek – CIP-Einheitsaufnahme
Lebensmittel- und Umweltanalytik mit der Kapillar-GC :
Tips, Tricks und Beispiele für die Praxis / hrsg. von Lothar Matter. –
Weinheim ; New York ; Basel ; Cambridge ; Tokyo : VCH, 1994
ISBN 3-527-28595-4
NE: Matter, Lothar [Hrsg.]

Satz: Filmsatz Unger & Sommer GmbH, D-69469 Weinheim
Druck und Bindung: Progressdruck GmbH, D-67346 Speyer
Printed in the Federal Republic of Germany

Immer, wenn es zu spät ist,
dämmert es den meisten

Geleitwort

Fortschritte in wichtigen Bereichen der Umwelt- und Lebensmittelanalytik sind nicht ohne Gaschromatographie in Kapillarsäulen denkbar. Es hat viele Jahre nach der grundsätzlichen Einführung von Kapillarsäulen („open tubular columns", Golay 1958) in die gaschromatographische Analytik gedauert, bis diese Technik breite Anwendung in der Praxis finden konnte. Der Grund dafür waren säulentechnische, instrumentelle und methodische Schwierigkeiten bei der Anwendung sehr enger Kapillaren mit ihrer geringen Probenkapazität. Dieser Prozeß ist durch die Einführung der „fused silica"-Kapillaren (Dandeneau, 1978) erheblich beschleunigt worden. Wegen der Säulengeometrie ist die Kapillar-GC ein miniaturisiertes, trennendes Analysenverfahren. Generell kann GC nur für flüchtige, oder bei höheren Temperaturen ohne Zersetzung verdampfbare, Verbindungen angewendet werden. Die Umweltanalytik mit hochauflösenden chromatographischen Methoden stellt wegen der geringen Probenkapazität von Systemen mit Kapillarsäulen hohe Anforderungen an die Trennung, den Nachweis und die Identifizierung von Analyten in Matrices komplexer Zusammensetzung. Dies gilt insbesondere für Proben mit sehr kleinen Konzentrationen der nachzuweisenden und zu bestimmenden toxischen Verbindungen. Sie ist nur mit speziellen Verfahren der Probenaufgabe möglich. Detektion mit den analytisch erforderlichen sehr niedrigen Nachweisgrenzen für toxische Verbindungen ist mit den Ionisationsdetektoren, die in der GC verfügbar sind, relativ leicht möglich.

Auch nach aufwendiger Probenvorbereitung werden präzise und richtige Analysen von Spurenkomponenten in schwierigen Matrices nur bei optimaler Anwendung der besten Instrumente und der modernen Analysenmethoden der Kapillar-GC erhalten.

Besondere Schwierigkeiten bestehen, wie bei allen chromatographischen Analysenverfahren, mit der forensisch zuverlässigen Identifizierung der Zielverbindungen. Diese können nur mit gekoppelten Methoden, d.h. vorzugsweise mit GC/MS Kopplungsanalytik, gelöst werden.

Das vorliegende Werk mit einer Zusammenstellung wichtiger Anwendungen wird eine wesentliche Hilfe für den Analytiker in der Praxis der Umweltanalytik sein. Es demonstriert an verschiedenen typischen Beispielen der Lebensmittel- und Umweltanalytik, in welcher Weise moderne GC-Analytik mit Kapillarsäulen auf diesem Gebiet erfolgreich eingesetzt werden kann.

Mülheim a.d. Ruhr, Oktober 1993   Prof. Dr. Dr. Gerhard Schomburg

Vorwort

Dieses Buch verfolgt ein anderes Ziel, als die meisten kapillargaschromatographischen Publikationen. Hier werden nicht alle bekannten Bestimmungsverfahren und -anordnungen dargestellt, sondern die für die Anwender wichtigen. Das Buch beabsichtigt nämlich nicht, aus dem Leser einen Kapillar-GC-Experten zu machen, es wendet sich vielmehr an diejenigen, die die Kapillargaschromatographie um ihrer verschiedenen Anwendungen willen betreiben, also an Praktiker. *Ein Buch von Praktikern für Praktiker.*

Das vorliegende Buch basiert auf mehreren Informationstagen der Gesellschaft Deutscher Chemiker zum gleichen Thema und enthält eine Auswahl der dort gehaltenen Referate.

Zu den ausgewählten Kapiteln haben namhafte und erfahrene Autoren ihre Erfahrungen und ihr Wissen beigetragen. Sämtliche Anwendungsbeispiele sind erprobt und bei Anwendung der grundlegenden chromatogaphischen Regeln nachvollziehbar.

Den Autoren danke ich für ihre spontane Bereitschaft zur Mitarbeit. Dem Verlag VCH, namentlich Herrn Dr. Pauly, sei an dieser Stelle für das Entgegenkommen und Verständnis gedankt, mit denen er die Entstehung und Fertigstellung dieses Buches begleitet hat.

Meiner Familie gilt mein ganz besonderer Dank. Dieses Buch wäre ohne ihr Verständnis nicht entstanden.

Dinslaken, im Dezember 1993   Lothar Matter

Inhalt

1 Anwendung der chromatographischen Regeln in der Kapillar-GC

Lothar Matter

1.1 Einleitung

Die hochauflösende Kapillargaschromatographie stellt in der organischen Spurenanalytik von Lebensmitteln und Umweltkontaminanten die Analysenmethode der Wahl dar. Aufgrund der verschiedenen Detektionsmöglichkeiten (Flammenionisations-, Elektroneneinfang-, Stickstoff/Phosphor-, Flammenfotometrischer-, Massenselektiver- und Ionentrap-Detektor, um nur einige wenige zu nennen) können unterschiedliche „Kontaminanten/Verunreinigungen" ermittelt und bestimmt werden.

Die Kapillargaschromatographie ist schnell, hochempfindlich und präzise. Sie stellt eine der trennstärksten chromatographischen Methoden dar. Allerdings verlangt sie Wissen und Können, das heißt, der Traum von einer „Black Box" oder einem Einknopfgerät, in die/das man eine Probe stellt und aus dem dann die richtige Antwort bzw. das gewünschte Ergebnis herauskommt, wird immer ein Traum bleiben.

Um die für die jeweilige Aufgabenstellung geeignete Lösung zu finden, bedarf es einiger Erfahrung und der kritischen Auseinandersetzung mit der Materie. Der jeweilige Analytiker muß/soll die Eigenschaften, Zusammensetzung und „Tücken" seiner zu analysierenden Probe kennen, um jeweils geeignete Analysenverfahren auszuwählen und zu optimieren. Die allgemein gültigen „Chromatographischen Regeln" müssen im Bereich der Kapillargaschromatographie unbedingt befolgt werden, um vertret-/verwertbare Ergebnisse zu erzielen. Will man interessante neue Publikationen nacharbeiten, so müssen bei der mitgeteilten Methodik *alle* gaschromatographischen Parameter vorhanden sein. Details wie z. B. Temperaturprogramm, verwendetes Trägergas, Säulenlänge, -durchmesser, -filmdicke, -phase etc. spielen bei der Beschreibung einer Methode eine wichtige Rolle. Diese Einzelheiten sind nicht nur für die Beurteilung der Messung, sondern auch für den an der Anwendung interessierten Analytiker essentiell [1-1]. Das Gegenteil ist jedoch in den meisten Veröffentlichungen, selbst in neueren, der Fall [1-2, 1-3, 1-4].

Die oftmals angeführte Bemerkung/Aussage *„Nur mal eben einspritzen"*, muß der Vergangenheit angehören.

1.2 Chromatographische Regeln

Die meiner Meinung nach wichtigsten chromatographischen Regeln, deren Aufzählung nicht den Anspruch auf Vollständigkeit erhebt, sehen wie folgt aus:

- Probenaufgabe
- Auswahl der „richtigen" Trennphase
- Säulenlänge
- Säuleninnendurchmesser
- Filmdicke
- Trägergas

Einwandfreie Tennung der zu bestimmenden Komponenten von der Matrix

1.2.1 Probenaufgabe

Die korrekte Probenaufgabe ist Voraussetzung für das Gelingen der chromatographischen Analyse. Über die richtige Art wird, auch heutzutage noch, teilweise sehr kontrovers diskutiert. Pretorius und Bertsch stellten schon 1983 provokativ fest: „Wenn die Säule als das Herz der Chromatographie beschrieben wird, dann kann die Probenaufgabe als die Achilles-Ferse bezeichnet werden. Sie ist der am wenigsten verstandene und am meisten verwirrende Aspekt der modernen Gaschromatographie." [1-5] Dieser Aussage kann man nur zustimmen.

Die Anforderungen, die von einem Probeaufgabensystem zu erfüllen sind, lassen sich wie folgt beschreiben [s. 1-1]:

- Die Injektionsmethode darf sich nicht *diskriminierend* auf einzelne Substanzen auswirken. Der direkte oder indirekte Probentransfer (über einen Zwischenschritt) muß „linear" in die Säule erfolgen, d. h. das Originalverhältnis der Komponenten in der Probe muß untereinander zumindest für die zu bestimmenden Substanzen konstant bleiben.
- *Richtigkeit:* Diese wichtige Anforderung wird oft mißverstanden und durch den Begriff einer guten Reproduzierbarkeit ersetzt. Eine kleine Standardabweichung schließt bei Wiederholungen systematische und damit falsche Ergebnisse nicht aus.
- *Thermische und/oder katalytische Zersetzung:* Das Risiko der Zersetzung und/oder der Umlagerung an aktiven Oberflächen sollte auf ein Minimum reduziert oder, wenn möglich, ganz ausgeschlossen werden. Bei Verwendung eines Septums unterliegt dieses einem ständigen thermischen und mechanischen Streß und kann außerdem durch das Austreten von flüchtigen Komponenten (Weichmachern ...) das Ergebnis beeinflussen.

– *Keine Bandverbreiterung:* Die Trennleistung der Kapillarsäule sollte durch die angewendete Injektionsmethode nicht oder nur unwesentlich verschlechtert werden.
– *Reproduzierbare Retentionszeiten:* Die exakte Reproduzierbarkeit von Retentionszeiten setzt eine eindeutige Identifizierung von Probenkomponenten in einer komplexen Matrix voraus.
– *Verunreinigungen:* Das Eindringen von nicht- oder schwerflüchtigen Probebestandteilen in das eigentliche Trennsystem führt durch Peakverbreiterung zu Trennleistungsverlusten, verkürzt die Lebensdauer der Kapillarsäule oder hat andere störende Effekte zur Folge.
– Im Bereich der Spurenanalytik besteht die Notwendigkeit, die zu analysierenden Substanzen *(möglichst) verlustfrei* in das Trennsystem zu überführen und möglichst hohe Peaks mit steilen Flanken zu erzielen. Auf die verschiedenen Probenaufgabetechniken wie z. B. Split/Splitlos-, PTV- und Direktinjektion (modern auch „on column" genannt) wird hier nicht eingegangen, da sie in der Literatur ausführlich beschrieben sind. Es soll jedoch auf die Direkteinspritzung („cold on column injection") nach G. Schomburg und der späteren Modifikation durch K. Grob verwiesen werden, die meiner Ansicht nach die sicherste/genaueste Probenaufgabetechnik in der hochauflösenden Kapillargaschromatographie darstellt [1-6, 1-7].

Sämtliche anderen Aufgabensysteme, bei denen die Probe vorher im Injektor aufgeheizt und dampfförmig auf die Trennkapillare transferiert wird, bergen die Gefahr der Pyrolyse von Probenanteilen in sich [1-8]. Sie stellen Quellen ständiger Fehlinterpretationen in der organischen Spurenanalytik dar. Als Beispiel ist die beliebte Bestimmung von Kohlenwasserstoffen zu nennen. Die Abb. 1-1 (s. S. 4) zeigt das Ergebnis einer quantitativen Bestimmung von Kohlenwasserstoffen in einer Lösung mit bekanntem Gehalt an Eicosan, die Teilaufgabe eines Ringversuches zur Erkennung von bestrahltem Hähnchen-, Schweine- und Rindfleisch durch den gaschromatographischen Nachweis flüchtiger Kohlenwasserstoffe war [1-9].

In der Darstellung sind die Differenzen zwischen den gefundenen (Mittelwerte aus mehreren Bestimmungen) und den eingewogenen Mengen dargestellt. Von den 18 teilnehmenden Laboratorien übermittelten nur 4 Werte, die sich für *alle* Kohlenwasserstoffe sehr nahe an den eingewogenen Mengen befanden. Man kann auch sagen, hier wurden die chromatographischen Regeln eingehalten, der GC-Analytiker wußte, was er tat.

1.2.2 Auswahl der „richtigen" Trennphase

Bei der Auswahl der richtigen stationären Trennphase für das jeweilige Analysenproblem existieren keine allgemein anwendbaren Regeln, jedoch gibt es nach eigener Erfahrung folgende Richtlinie: Gleiches löst sich in Gleichem. Das bedeutet, die statio-

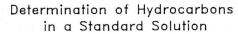

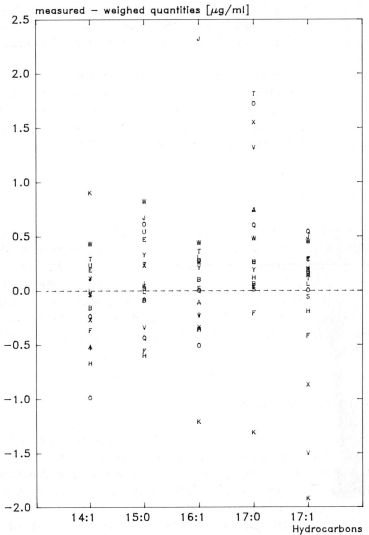

Abb. 1-1: Bestimmung von Kohlenwasserstoffen in einer Standardlösung.

näre Phase sollte eine ähnliche Polarität wie die zu trennenden Substanzen aufweisen (unpolare Phasen für unpolare Substanzen, hochsiedende Proben benötigen hochtemperaturstabile Phasen). Unpolare Phasen sind gegen Oxidationsvorgänge widerstandsfähiger als polare. Unsachgemäße Lagerung oder Undichtigkeiten bei Betrieb der Kapillarsäule (damit unkontrollierter Lufteintrag) „verzeiht" die unpolare mehr als die polare Phase.

Es ist nach Möglichkeit zu vermeiden, daß die verwendete stationäre Phase eine funktionelle Gruppe enthält, auf die der Detektor anspricht. Mit dem Stickstoff/Phosphor- sollten keine Cyanopropylphasen, mit dem Elektroneneinfangdetektor keine Trifluorpropylphasen verwendet werden. Beide Detektoren würden fast nur auf das „normale" Ausbluten der Säule ansprechen [1-10].

1.2.3 Säulenlänge

Die Säulenlänge ist von dem Schwierigkeitsgrad des jeweiligen Trennproblemes abhängig. Pauschal kann nur empfohlen werden, die Trennsäule nicht länger als für die Lösung des aktuellen Problems notwendig ist, zu wählen. Man sollte die kürzeste Kapillare, die die erforderliche Trennung einwandfrei ermöglicht, auswählen. Es ist ineffizient, für Proben mit wenigen zu bestimmenden Komponenten überlange Kapillaren einzusetzen. Das Einsatzgebiet von Kapillaren mit einer Länge von 60 oder mehr Metern liegt in der Trennung von komplexen Gemischen wie z. B. die polychlorierten Biphenyle.

1.2.4 Säuleninnendurchmesser

Der Säuleninnendurchmesser bewegt sich in der Kapillargaschromatographie von 0,53 mm (Megabore-Kapillaren) über die Standardsäulen mit 0,32 mm bis hin zu Säulen mit 0,10 mm I.D. (Microbore-Kapillaren). Microbore-Säulen zeigen eine hohe Trennleistung pro Zeiteinheit, erfordern jedoch den neuesten Stand der Gerätetechnik und sind nicht einfach zu handhaben.

Die normalen Standardsäulen (0,32 mm I.D.) oder die sogenannten Narrowbore-Kapillaren (0,25 mm I.D.) werden in den meisten Laboratorien angewendet.

Als Alternative zu den gepackten Säulen finden seit einiger Zeit die sogenannten Megabore-Kapillaren (0,53 mm I.D.) Verwendung. K. Grob und P. Frech kamen nach Überprüfung aller für die Megabore-Kapillaren vorgebrachten Fakten zu dem Ergebnis, daß die verbreiteten positiven Argumente einer näheren Prüfung keinesfalls standhalten [1-11]. Auf Standardsäulen lassen sich alle Trennprobleme, für deren Lösung Megabore-Kapillaren empfohlen werden, besser bearbeiten. Vielleicht liegt die große Beliebtheit der Megabore-Kapillaren darin begründet, daß Gaschromatographen mit gepackten Säulen in Geräte mit „Kapillarsäulen" umgewandelt werden und man so auch einen Kapillargaschromatographen besitzt, sich also auf dem neuesten Stand der Technik befindet.

Schon eine Verringerung des Innendurchmessers von 0,32 mm auf 0,25 mm kann bei komplexen Proben die Analysenzeit reduzieren.

1.2.5 Filmdicke

Das Spiel mit der Filmdicke der Trennphase zeigt dem Anwender Möglichkeiten auf, seine Analysen/Trennprobleme weitgehend zu beherrschen. Ein „dicker" Film ist auf Grund der Wechselwirkung Phase zu Probe geeignet, extrem flüchtige Substanzen zu trennen. Die Probenkapazität ist deutlich erhöht, d.h. die Menge jedes Stoffes, die ohne Peakdeformierung chromatographiert werden kann, nimmt zu. Diese Dickfilmsäulen (mehr als 1 µm Filmdicke) erlauben eine höhere Temperatur, bringen aber ein größeres Abbluten der Phase an der oberen Temperaturgrenze mit sich.

Ein „dünner" Film zeigt ein minimales Abbluten an der oberen Temperaturgrenze, eine geringe Probenkapazität und ist für schwerflüchtige Komponenten mit hohen Siedepunkten sehr geeignet. Die Analysendauer und Peakverbreiterung wird bei den Dünnfilmkapillaren (0,1 µm Filmdicke) minimiert.

1.2.6 Trägergas

Die Art des Trägergases sowie seine Durchflußrate durch die Kapillare sind bei einer kapillargaschromatographischen Trennung von immenser Bedeutung.

Die Durchflußrate muß reproduzierbar, exakt eingestellt und gemessen werden, um die Trennkraft und maximale Leistungsfähigkeit der Säule auszunutzen. Kleine Abweichungen im Trägergasstrom haben einen starken Einfluß auf die Trennung. Die heutzutage „üblichen" Trägergase sind Stickstoff, Helium und Wasserstoff, wobei Wasserstoff nachweislich (auch im Laboratorium des Autors) die besten Ergebnisse liefert [1-12]. Wasserstoff als Trägergas erweitert den Anwendungsbereich z.B. für die Hochtemperaturgaschromatographie und ist Helium vorzuziehen. In Anbetracht der Tatsache, daß Wasserstoff als Brenngas für einen FID ohne Beschränkung akzeptiert wird, sind die Vorbehalte, die dem Trägergas Wasserstoff von „Analytikern" immer noch entgegengebracht werden, irrational und bei Einhaltung weniger Sicherheitsregeln unbegründet [1-13].

Einwandfreie Trennung der zu bestimmenden Komponenten von der Matrix

Diese Aussage muß jedem Analytiker, der sich mit der hochauflösenden Kapillargaschromatographie beschäftigt, in Fleisch und Blut übergehen.

1.3 Anwendungsbeispiele

1.3.1 Nachweis von Pentachlorphenol in Holz

Die gesundheitliche Bedenklichkeit von Pentachlorphenol als Holzimprägnierungs-
mittel hat schon vor Jahren zum Verschwinden dieser Substanz aus der Holzschutz-
mittelanwendung geführt. In der Pentachlorverbotsverordnung wurde für Erzeugnisse, die infolge einer Behandlung mit PCP kontaminiert sind, ein Grenzwert von
5 mg/kg festgelegt. Für die Konzentrationsfeststellung ist dabei nur der von der Behandlung erfaßte Teil des Erzeugnisses maßgebend [1-14]. Als Beispiel seien hier die
imprägnierten/gestrichenen Holzdecken genannt.

   In der Abb. 1-2 ist ein Chromatogrammausschnitt eines behandelten Holzes, wel-
ches nach Extraktion, Methylierung und anschließender HRCGC-ITD (Hochauflösende Kapillargaschromatographie mit Ion-Trap-Detektion) erstellt wurde, zu sehen
[1-15]. Man erkennt, daß das methylierte, damit leichter chromatographierbare Pen-
tachlormethoxybenzol auf der Massenspur 278–282 von einer Verunreinigung abgetrennt ist. Zur genauen Identifizierung gehört dabei neben der Übereinstimmung der
Massenfragmente der Probe mit der eines PCP-Standards *unbedingt* die gleiche Retentionszeit (Massenfragmente PCP-Ester: 237–239; 265–267; 280–282).

   Für eine ECD-Detektion empfiehlt sich eine säulenchromatographische Zusatz-
reinigung an Florisil oder Kieselgel (Entfernung der störenden „Farbstoffe" und polaren Anteile).

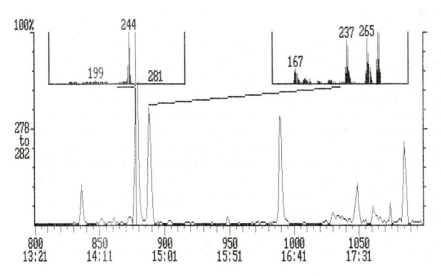

Abb. 1-2: PCP-Bestimmung (HRGC-ITD) in einer Holzprobe. Säule: 60 m × 0,25 mm I.D.,
DB-5, 0,1 µm Filmdicke/Helium.

1.3.2 Subjektive Sensorik — objektive Kapillar-GC

Die sensorische Überprüfung steht nach wie vor an erster Stelle bei der Untersuchung von Lebensmitteln. Sie ist zum Glück subjektiver Natur, d.h. jeder Mensch hat eine andere Empfindung für die Merkmale bei Geruch/Geschmack. Eine Absicherung dieses subjektiven Befundes bietet u.a. die objektive Head-space-Kapillargaschromatographie. So entstehen z.B. Pentan und Hexanal während der Verarbeitung und Lagerung von fetthaltigen Lebensmittelproben durch den oxidativen Abbau von ungesättigten Fettsäuren. Bei der Beurteilung der Ranzidität von Lebensmitteln stellen sie daher Schlüsselkomponenten dar [1-16]. Eine signifikante Korrelation wurde zwischen den organoleptischen Parametern (Geruch, Geschmack, Farbe) und dem Pentangehalt von Speisefetten, unter verschiedenen Lagerbedingungen, festgestellt [1-17]. Es ist festzuhalten, Pentan stellt einen Indikator für die oxidative Ranzidität eines Speiseöles dar [1-18]. Den gleichen Effekt des Zusammenspieles von subjektiver Sensorik und objektiver HS-GC veranschaulicht Abb. 1-3. Hierbei handelt es sich um eine Haltbarkeitsüberprüfung bei Kochschinken (Aluminium-Kunststoff

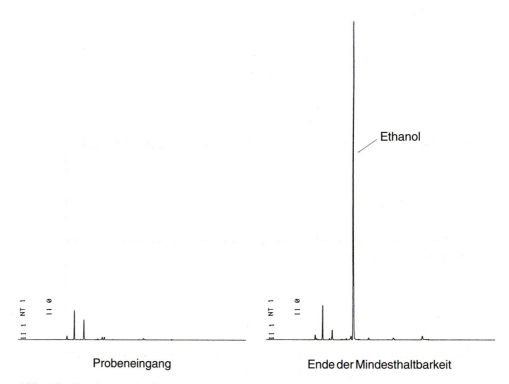

Abb. 1-3: Head-space-Analyse von Kochschinken. Säule: 60 m × 0,32 mm I.D., DB-Wax, 0,25 μm Filmdicke/Helium.

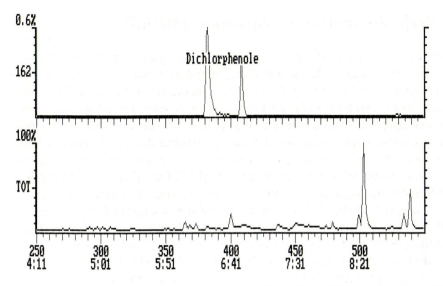

Abb. 1-4: TIC-Chromatogramm eines Teeaufgußes (HRGC-ITD). Säule: 30 m × 0,32 mm I.D., DB-5, 0,1 µm Filmdicke/Helium.

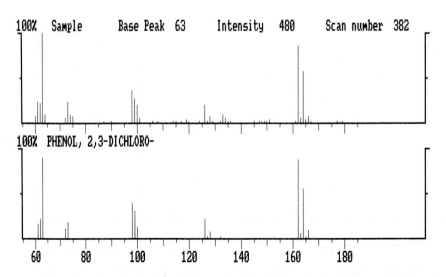

Abb. 1-5: Massenspektrum von Dichlorphenol − Vergleich Probe/Bibliothekssuche.

verschweißt). Eine Packung wird bei Probeneingang sensorisch verkostet (ein Teil für die HS-GC eingewogen und eingefroren), die andere Packung nach sachgemäßer Lagerung bei Ablauf des Mindesthaltbarkeitsdatums. Durch Vergleich der sensorischen mit den gaschromatographischen Befunden gelingt eine eindeutige Aussage, ob das Mindesthaltbarkeitsdatum korrekt oder zu lange angegeben war. Als weiteres Beispiel für die objektive Absicherung des subjektiven sensorischen Befundes ist der sogenannte Arzneimittel- oder medizinische Geschmack anzuführen. Ein Hibiskusteeaufguß erzeugte bei einem Verbraucher wie beim Autor einen deutlich „medizinischen" Geschmack. Nach Extraktion und Anreicherung über eine Festphasensäule konnten Dichlorphenole als Ursache für den sensorischen Befund ermittelt werden [1-19].

Die Abb. 1-4 zeigt im unteren Teil das Totalionenstromchromatogramm des aufgenommenen Teeextraktes, während im oberen Teil nur die Massenspur 162 zu sehen ist. Die Bibliothekssuche zeigt eine gute Übereinstimmung mit Dichlorphenolen (Abb. 1-5).

1.3.3 Nachweis von Bromocyclen und Moschusxylol in Fischen

Bromocyclen wird als Wirkstoff in veterinärmedizinischen Präparaten als Ektoparasiticum (Handelsname „Alugan") eingesetzt. Eine Zulassung für die Anwendung bei Fischen existiert (noch) nicht. 1992 wurde dieser Stoff im Rahmen des bundesweiten Lebensmittel-Monitoring des Bundesgesundheitsamtes bei der Untersuchung auf organische Schadstoffe (z. B. PCB) in Forellen entdeckt [1-20]. Gleichzeitig trat noch eine zweite intensive Verbindung auf, *Moschusxylol*. Die Trennung der beiden Substanzen bereitet, bei Beachtung der chromatographischen Regeln, keine Schwierigkeiten. Selbst weitere aromatische Nitro-Moschusverbindungen sind einwandfrei zu trennen und damit zu bestimmen.

Moschusxylol, -keton, -tibeten, -musken sowie Ambrette-Moschus stellen synthetische, nicht in der Natur vorkommende aromatische Nitro-Moschusverbindungen dar. Sie finden in Kosmetika, Wasch- und Reinigungsmitteln Verwendung. Über diese und die Gewässer gelangen sie in die Nahrungskette. Sie sind aufgrund ihrer Lipophilie, Bioakkumulation und Persistenz als ubiquitäre Umweltkontaminanten anzusehen. In der Abb. 1-6 ist ein ECD-Chromatogramm eines aufgearbeiteten Fettextraktes einer Regenbogenforelle dargestellt.

Die beiden größten Peaks, nämlich Bromocyclen und Moschusxylol treten in der Mitte des Chromatogramms auf. Die anderen Verbindungen sind Organochlorpestiziden und PCB zuzuordnen. Treten im Blindwert plötzlich Spuren an Moschusxylol auf, so ist davon auszugehen, daß während der Aufbereitung ein moschushaltiges Kosmetikum die Ursache war [1-12].

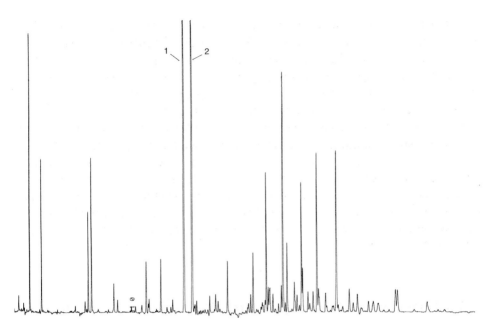

Abb. 1-6: Organochlorrückstände (HRGC-ECD) in einer Regenbogenforelle: (1) Bromocyclen, (2) Moschusxylol. Säule 60 m × 0,25 mm I.D., DB-5, 0,1 µm Filmdicke/Wasserstoff.

1.3.4 Trennung von 33 Organochlorpestiziden

Das folgende Beispiel soll eindrucksvoll die Einhaltung der chromatographischen Regeln darstellen. Die Abb. 1-7 (s. S. 12) zeigt die Trennung von 33 Organochlorpestiziden im Spurenbereich. Die Konzentrationen bewegen sich, stoffabhängig, zwischen 50 und 200 Picogramm je Substanz.

Das im Temperaturprogramm aufgenommene Spektrum zeigt, selbst im Spurenbereich, keine bzw. eine zu vernachlässigende Drift der Basislinie. Die Peaks sind tailingfrei. Die Reihenfolge der einzelnen Verbindungen gilt nur für die verwendete Kapillarsäule und das Temperaturprogramm!

1.3.5 Sinn und Unsinn der Bewertung PAH-kontaminierter Böden aus analytischer Sicht [1-22]

Polycyclische aromatische Kohlenwasserstoffe stellen Verbindungen mit mehreren anellierten aromatischen Ringen dar. Sie sind sowohl natürlichen als auch anthropogenen Ursprungs und entstehen über radikalische Mechanismen, insbesondere bei der unvollständigen Verbrennung oder Pyrolyse von organischem Material.

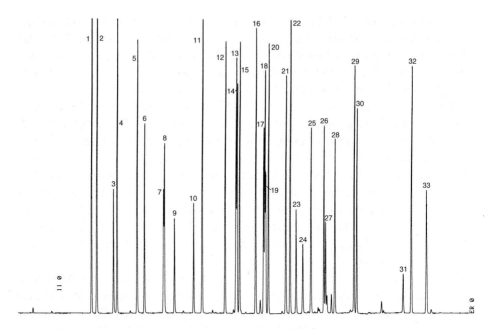

Abb. 1-7: Trennung (HRGC-ECD) von Organochlorpestiziden.
1: alpha-Hexachlorcyclohexan, 2: Hexachlorbenzol, 3: β-Hexachlorcyclohexan, 4: Lindan (gamma-Hexachlorcyclohexan), 5: delta-Hexachlorcyclohexan, 6: Epsilon-Hexachlorcyclohexan, 7: PCB 31, 8: PCB 28, 9: Heptachlor, 10: PCB 52, 11: Aldrin, 12: Isodrin, 13: cis-Heptachlorepoxid, 14: Oxichlordan, 15: trans-Heptachlorepoxid, 16: cis-Chlordan, 17: o,p-DDE, 18: alpha-Endosulfan, 19: PCB 101, 20: trans-Chlordan, 21: Dieldrin, 22: p,p-DDE, 23: o,p-DDD, 24: β-Endosulfan, 25: o,p-DDT, 26: p,p-DDD, 27: Ethion, 28: PCB 153, 29: p,p-DDT, 30: PCB 138, 31: Methoxichlor, 32: PCB 180, 33: Mirex.
Säule: 60 m × 0,25 mm I.D., DB-5, 0,1 µm Filmdicke/Wasserstoff.

Die in Emissionskondensaten oder auch Teerprodukten enthaltenen Verbindungen können in Fraktionen bestimmter Stoffklassen zerlegt werden. Im Kondensat von Verbrennungsprodukten finden sich folgende Stoffklassen:

1. PAH mit 2 und 3 Ringen
2. PAH mit 4 und mehr Ringen
3. Thiaarene
4. Nitro-PAH
5. Phenole
6. Carbazole
7. Azaarene
8. Aromatische Amine

Für die erste Gruppe zeigten tierexperimentelle Untersuchungen eine geringe Cancerogenität, jedoch eine hohe akute Toxizität. Vertauscht sind die Verhältnisse bei den höher anellierten PAH der zweiten Gruppe: Geringe Toxizität, hohe Cancerogenität. Wichtig sind für die toxikologische Beurteilung ferner die koergistischen Effekte bei der Kombination verschiedener PAH. So führen höhere Dosierungen cancetrogener PAH vielfach zu Hemmeffekten; Dosierungen mit kaum wirksamen Einzeldosen können dagegen in Kombination zu einer Verstärkung führen.

Die an den Einzelverbindungen der 8 Stoffklassen durchgeführten Untersuchungen zeigen im Tierexperiment eine zum Teil extrem hohe Cancerogenität (z. B. Benzo[a]pyren oder Naphthylamin). Durch epidemiologische Untersuchungen wurden die Cancerogenitätsprüfungen am Tier voll bestätigt. In neuerer Zeit finden neben den „klassischen PAH" insbesondere Phenole, Chinone und Diole der PAH eine stärkere Beachtung im Hinblick auf ihre krebserzeugende Wirkung. Über die Toxizität läßt sich aufgrund der Komplexität jedoch ein genaues Bild noch nicht erstellen. Es ist also festzuhalten, daß für Aussagen über die biologische Wirkung der PAH nicht nur der Einzelstoffgehalt, sondern vielmehr das relative Mengenverhältnis der PAH von Bedeutung ist.

Um diesen toxikologischen Aspekten weitgehend Rechnung zu tragen, werden bei der Bewertung kontaminierter Böden die Konzentrationen der Einzelsubstanzen wie auch Summenparameter von PAH-Leitsubstanzen herangezogen. Bei den Leitsubstanzen handelt es sich um die 16 EPA- bzw. 6 TVO-Parameter. Der Summenparameter erlaubt eine recht gute Gefährdungsabschätzung, die durch Böden direkt verursacht werden.

Um die Gefährdung des Grundwassers durch PAH-kontaminierte Böden bewerten zu können, werden die Schadstoffe im Filtrat eines 24-stündigen Eluates untersucht. Zur Beurteilung werden auch hier die beiden Summenparameter (6 TVO bzw. 16 EPA-Parameter) herangezogen. Eine Zuordnung des Bodens in Deponieklassen erfolgt unter anderem über diese Parameter. Da es sich jedoch vornehmlich um die höher anellierten und somit schlecht wasserlöslichen PAH handelt, sind diese Verbindungen nur in sehr geringem Maße im Eluat zu erwarten.

Wie verhält es sich jedoch mit den anderen Verbindungen?

Zu diesem Zweck wurden die Originalsubstanz und die Eluate eines hochkontaminierten Bodens (Summe TVO-PAH > 1 g) mit und ohne Clean-up mittels GC-ITD untersucht. Die Geräteparameter sahen wie folgt aus: 25 m × 0,32 mm I.D., FS SE 54, 0,25 µm Filmdicke, Splitlos-Injektion (1µl), 300 °C, Temperaturprogramm von 90 °C (1 min) mit 15°/min auf 280 °C (15 min), ITD 800, Massenbereich von 30–400 µ.

Die Ergebnisse sind in den Abb. 1-8 bis 1-11 dargestellt.

Danach finden sich in der Originalsubstanz nach dem Clean-up neben den TVO- und EPA-PAH weitere alkylierte PAH sowie in untergeordneter Konzentration eine Vielzahl N-, O- und S-haltiger Aromaten. Im Eluat ohne Clean-up sind die PAH in deutlich geringerem Maße vertreten (geringe Wasserlöslichkeit!). Beachtet man jedoch die Heteroaromaten, so stellen sie die Hauptbelastung des Eluates dar. Nach dem Säulen-Clean-up des Eluates finden sich die Mengen der PAH wieder, von den Heteroaromaten jedoch nur noch geringe Spuren.

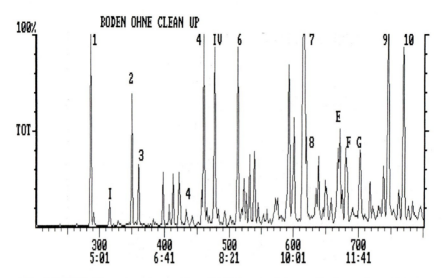

Abb. 1-8: TIC-Chromatogramm eines PAH-kontaminierten Bodens ohne Clean-up.

Für Abb. 1-8 bis 1-11:
1: Naphthalin, 2: 2-Methylnaphthalin, 3: 1-Methylnaphthalin, 4: Acenaphthylen,
5: Acenaphthen, 6: Fluoren, 7: Phenanthren, 8: Anthracen, 9: Fluoranthren, 10: Pyren.
I: Chinolin, II: Chinolin, III: Methylchinolin, IV: Dibenzofuran, V: N-haltiger Aromat,
VI: O-haltiger Aromat, VII: O-haltiger Aromat, VIII: O-haltiger Aromat, IX: Benzochinolin,
X: Pyridinderivat.
A: S-haltiger Aromat, B: Methylchinolin, C: N-haltiger Aromat, D: S-haltiger Aromat,
E–G: alkylierte PAH.

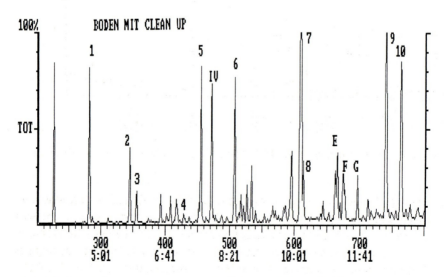

Abb. 1-9: TIC-Chromatogramm eines PAH-kontaminierten Bodens mit Clean-up.

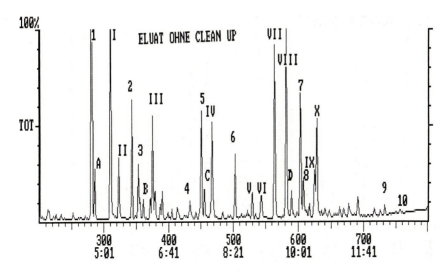

Abb. 1-10: TIC-Chromatogramm eins PAH-kontaminierten Bodeneluates ohne Clean-up.

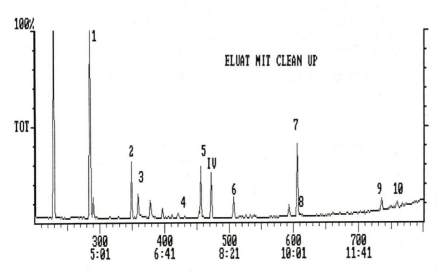

Abb. 1-11: TIC-Chromatogramm eines PAH-kontaminierten Bodeneluates mit Clean-up.

Als Fazit ergibt sich: Eine Gefährdungsabschätzung des Grundwassers durch belastete Böden über ihr 24h-Eluat und die PAH-Summenparameter ist nicht sehr glücklich gewählt. Die PAH-Untersuchung verschleiert das tatsächliche Gefahrenpotential, das von den belasteten Materialien ausgehen kann. Die Hauptbelastung des Eluates liegt bei den besser wasserlöslichen Heteroaromaten und *nicht* bei den PAH. Ökotoxikologische Untersuchungen der Eluate sollten daher auch diese bisher nicht oder nur wenig beachteten PAH-analogen Verbindungen berücksichtigen. Über die Toxizität der Heteroaromaten ist nichts Näheres bekannt. Ihre bessere Abbaubarkeit läßt eine geringere Toxizität als die von PAH erwarten, eine Giftwirkung ist jedoch auch nicht auszuschließen [1-23].

1.3.6 Nachweis von bestrahlten fetthaltigen Lebensmitteln

Die Bestrahlung einiger fetthaltiger Lebensmittel wie z. B. Fleisch kann mittels GC-FID oder GC-MS der entstehenden Kohlenwasserstoffverbindungen schnell und eindeutig nachgewiesen werden. Bei der Behandlung von Triglyzeriden mit ionisierender Strahlung werden über Primär- und Sekundär-Reaktionen chemische Bindungen gespalten. Es entstehen Radiolyseprodukte, die ein C-Atom (C_{n-1}) und zwei C-Atome (C_{n-2}) weniger als die ursprünglichen Fettsäuren der Triglyzeride aufweisen. Mit Kenntnis der Fettsäurezusammensetzung der zu untersuchenden Probe können damit die hauptsächlichen Radiolyseprodukte vorausgesagt werden. Nach der Fettgewinnung wird die unpolare Fraktion isoliert, und die Kohlenwasserstoffe werden gaschromatographisch nachgewiesen [1-9]. Für eine eindeutige Identifizierung sind die *chromatographischen Regeln* unbedingt einzuhalten. Die Abb. 1-12 zeigt die

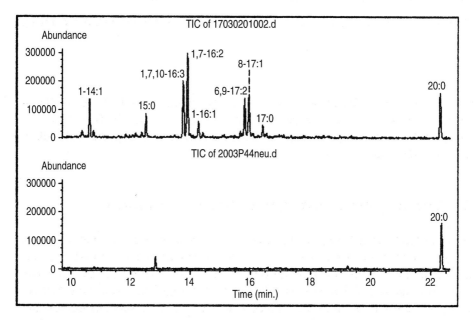

Abb. 1-12: TIC-Chromatogramm von bestrahltem (3 kGy) und unbestrahltem Hähnchenfleisch (Fettfraktion).

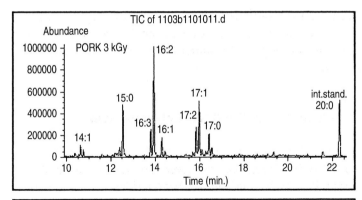

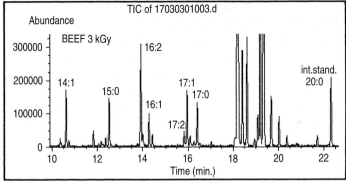

Abb. 1-13: TIC-Chromatogramm von bestrahltem Schweine- und Rindfleisch (Fettfraktion).

strahleninduzierten Kohlenwasserstoffe aus der Fettfraktion von bestrahltem Hähnchenfleisch, Abb. 1-13 diese von bestrahltem Schweine- und Rindfleisch [1-24].

Das deutliche Auftreten von „neuen" Kohlenwasserstoffen belegt die Anwendbar-
keit dieser Methode.

1.3.7 Tierartendifferenzierung in erhitzten Erzeugnissen

Eine Tierartendifferenzierung wird heutzutage in rohen und erhitzten Lebensmitteln
fast ausschließlich mit elektrophoretischen Methoden durchgeführt. In erhitzten Lebensmitteln und Lebensmittelmischungen erlauben diese Methoden aber keine eindeutige Aussage über die verwendeten Tierarten. Liegt andererseits nur das Fett der
jeweiligen Tiere vor, versagen diese Methoden. Hier stellt die kapillargaschromatographische Fettsäureanalytik (Beachtung der chromatographischen Regeln) die Methode der Wahl dar [1-25]. Die folgenden Beispiele belegen diese Aussage.

1.3.7.1 Nachweis eines Zusatzes von Schweine- zu Gänseschmalz

Die Abb. 1-14 zeigt das Fettsäuremethylesterchromatogramm von reinem Gänse-schmalz.

Durch Bildung des Verhältnisses von Stearin- zu Ölsäure kann der Zusatz von Schweineschmalz (Erhöhung der Streichfähigkeit) nachgewiesen werden. Während reines Gänseschmalz eine Verhältniszahl bis zu 0,13 aufweist, ist der kennzeich-nungspflichtige Zusatz von 10% Schweineschmalz durch Erhöhung dieses Verhält-nisses gegeben.

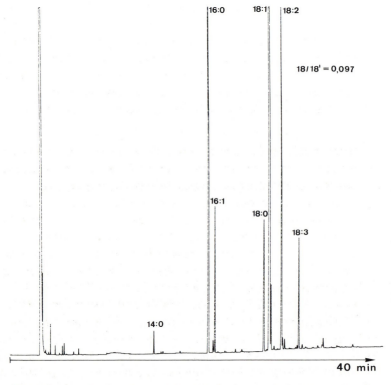

Abb. 1-14: Fettsäurespektrum (HRGC-FID) von reinem Gänseschmalz. GC-Bedingungen siehe Abb. 1-22.

1.3.7.2 Nachweis eines Zusatzes von Kuh- zu Schaf-/Ziegenmilcherzeugnissen

Die Fälschung eines als 100% deklarierten Schaf-/Ziegenkäses durch einen Kuhmilch-zusatz wird mit dem Verhältnis von Myristolein- zu Pentadecansäure nachgewiesen

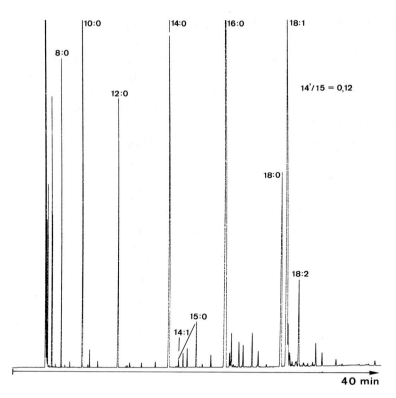

Abb. 1-15: Fettsäurespektrum (HRGC-FID) von reinem Schafskäse. GC-Bedingungen siehe Abb. 1-22.

(s. [1-25]). Bei einem 100% reinen Schaf-/Ziegenkäse beträgt dieses bis zu maximal 0,20, während ein aus Kuhmilch hergestellter Käse ein Verhältnis von ca. 1 aufweist.

Die Abb. 1-15 stellt das Fettsäuremethylesterspektrum eines reinen Schafskäse dar, während Abb. 1-16 (s. S. 20) einen Zusatz von Kuhmilch, trotz Deklaration 100% Schafsmilch, verdeutlicht. Das Verhältnis liegt über 0,20.

Einflüsse der Fettsäurezusammensetzung aufgrund unterschiedlichen Futters, der Rasse, Verlauf der Käsereifung etc. spielen nur eine untergeordnete Rolle [1-26, 1-27]. Voraussetzung ist jedoch die eindeutige Trennung und Zuordnung aller Fettsäuren, d. h. strikte Beachtung der chromatographischen Regeln.

Eine Absicherung des kapillargaschromatographischen Befundes gelingt u. a. über den β-Carotin-Gehalt des Käses. Schaf- und Ziegenmilch weisen nur sehr geringe Anteile (<1 μg/kg) an β-Carotin auf, während Kuhmilch mehr als 1000 μg/kg β-Carotin enthält. Ein Zusatz von Kuhmilch ist bei Gehalten von >100 μg/kg β-Carotin gegeben [1-28].

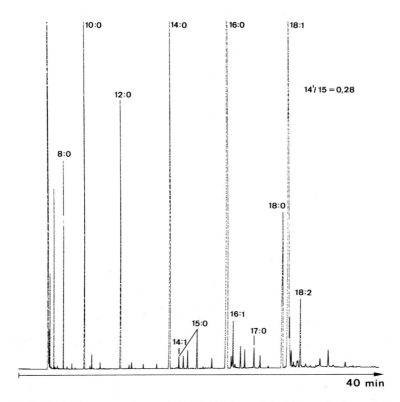

Abb. 1-16: Fettsäurespektrum (HRGC-FID) von Schafskäse mit einem Kuhmilchzusatz. GC-Bestimmungen siehe Abb. 1-22.

1.3.7.3 Unterscheidung von Rind- und Schweinefleischerzeugnissen

Bei der Unterscheidung Schwein/Rind (roh, erhitzt, einzeln oder in Mischung) bildet die Eicosadiensäure (C20:2) die eindeutige Nachweismöglichkeit für die Tierart Schwein [1-29]. Sie kommt im Schweinefett bis zu 0,7 % (bezogen auf die Gesamtfettsäuren) vor, im Rinderfett nur ≪0,05 %. Aus Abb. 1-17 ist das entsprechende Spektrum eines Schweinefleischerzeugnisses ersichtlich. Während Schweinefleisch Myristolein- und Pentadecansäure in Spuren enthält (≪0,05 %), zeigt Rindfleisch deutlich höhere Anteile dieser Fettsäuren.

Als weiteres Unterscheidungsmerkmal kann Linolsäure herangezogen werden (Rind < 2 %, Schwein 8–12 %), jedoch ist hier ein Futtereinfluß möglich.

1.3.7.4 Unterscheidung von „Stall-" und Wildhase

Dieses Beispiel verdeutlicht die Tierartendifferenzierung, die u. a. durch einen Fütterungseinfluß bedingt ist und so ebenfalls bei falscher Kennzeichnung des

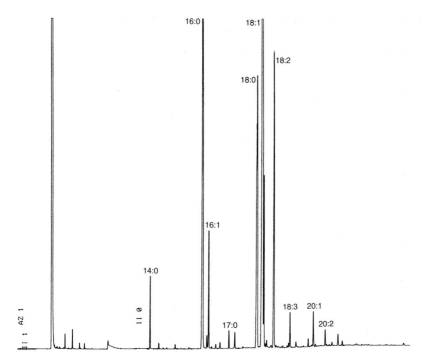

Abb. 1-17: Fettsäurespektrum (HRGC-FID) von Schweinefleisch. GC-Bedingungen siehe Abb. 1-22.

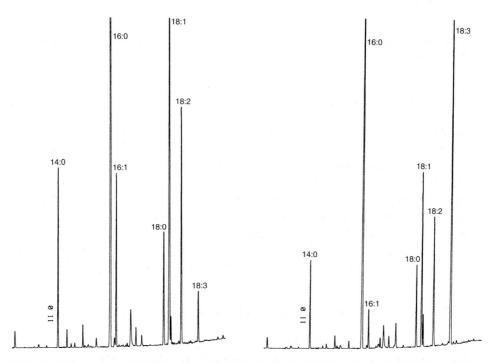

Abb. 1-18: Ausschnitt eines Fettsäurespektrums (HRGC-FID) von Stall- (links) und Wildhasen (rechts). GC-Bedingungen siehe Abb. 1-22.

Produktes zum Nachweis herangezogen werden kann. Die Abb. 1-18 belegt diese Aussage.

Während bei dem Spektrum des Stallhasen vermehrt Linolsäure anzutreffen ist, zeigt der freilebende Wildhase als Indikator eine Fettsäureverteilung, bei der die Linolensäure überwiegt [s. 1-25].

1.3.7.5 Unterscheidung von Haus- und Wildschwein, Kalb und Rind

In der Abb. 1-19 sind die Unterschiede der Tierarten Haus-/Wildschwein sowie Kalb/Rind als Balkendiagramme dargestellt.

Durch Bildung des Verhältnisses Heptadecan- zu Palmitinsäure (C17 : 0/C16 : 0) ×100 erhält man eine Aussage, welche Tierart („echtes" Wildschwein) vorliegt.

Eine Unterscheidung von Hühner- und Putenfleischerzeugnissen ist anhand dieses Verhältnisses u. a. ebenfalls möglich. Die Abb. 1-20 stellt das Fettsäuremethylesterspektrum eines Hühnerfleischerzeugnisses dar.

1.3.7.6 Wildtierunterschiede

Wildtierunterschiede, die zur Identifizierung herangezogen werden können, zeigen die Abb. 1-21 und 1-22.

Es handelt sich hierbei um Fettsäuremuster von freilebenden Wildtieren aus den verschiedenen Bundesländern der Bundesrepublik Deutschland (Nordrhein-Westfalen, Rheinland-Pfalz, Brandenburg, etc.) und Polen. Der Bereich der Myristin- bis zur Palmitinsäure verdeutlicht die Unterschiede zwischen den einzelnen Wildtieren [1-30].

1.3.8 Bestimmung von Keimhemmungsmitteln (IPC/CIPC) in Kartoffeln

Propham (IPC) und Chlorpropham (CIPC) stellen selektive Vor- bzw. Nachlaufherbizide dar und werden u. a. bei Kartoffeln als Keimhemmungsmittel (Hemmstoff der Photosynthese und Mitose) eingesetzt. Ein schneller und sicherer Nachweis gelingt nach einfacher Hexanextraktion des Kartoffelhomogenates, Filtration und kapillargaschromatographischer Messung mit Ion-trap-Detektion [1-31]. Die Beachtung der chromatographischen Regeln ist dabei von großer Wichtigkeit und Voraussetzung für das Gelingen der Methode. Die Abb. 1-23 zeigt das Totalionenstromchromatogramm einer Kartoffelprobe mit den beiden Keimhemmungsmitteln.

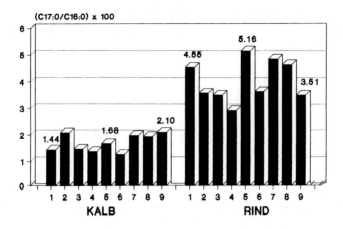

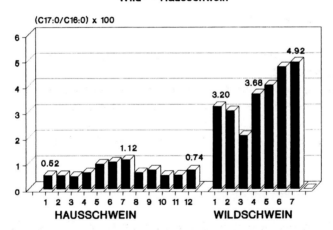

Abb. 1-19: Tierartendifferenzierung von Kalb/Rind und Wild-/Hausschwein. GC-Bedingungen siehe Abb. 1-22.

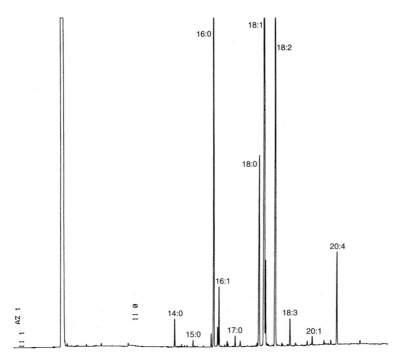

Abb. 1-20: Fettsäurespektrum (HRGC-FID) von Hühnerfleisch. GC-Bedingungen siehe Abb. 1-22.

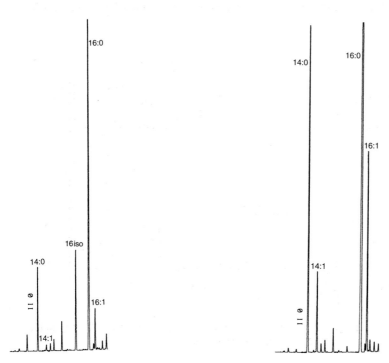

Abb. 1-21: Ausschnitt eines Fettsäurespektrums (HRGC-FID) von Damwild (Dama dama L., links) und Hirsch (Cervus elaphus L., rechts). GC-Bedingungen siehe Abb. 1-22.

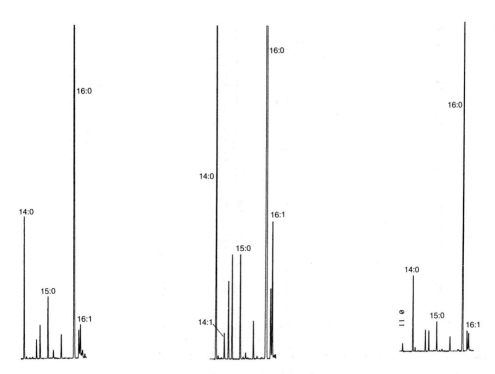

Abb. 1-22: Ausschnitt eines Fettsäurespektrums (HRGC-FID) von Reh- (Capreolus capreolus L., links), Rot- (Cervus elaphus L., Mitte) und Muffelwild (rechts). GC-Bedingungen für Abb. 1-14 – 1-22: Säule: 60 m×0,25 mm I.D., DB-Wax, 0,15 μm Filmdicke/Wasserstoff.

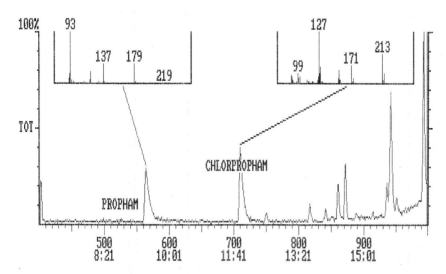

Abb. 1-23: TIC-Chromatogramm einer Kartoffelprobe auf Propham und Chlorpropham. Säule: 30 m×0,31 mm I.D., DB-5, 0,1 μm Filmdicke/Helium.

1.3.9 Interpretation von Chromatogrammen − Ein Beispiel

Schaut man sich ein Real-Live-Chromatogramm an, so kann man, neben der eigentlichen Bestimmungsaufgabe, noch andere Zusammenhänge erkennen. Voraussetzung ist jedoch, man ist mit der Analytik vertraut und hat Hintergrundwissen (Lesen der „richtigen" Literatur). Die Abb. 1-24 zeigt ein TIC-Chromatogramm der Analyse von PAH in Bodenmaterial. Neben Spuren von PAH-Verbindungen erkennt man deutlich eine Verbindung/sklasse, die ein sog. Heading (langsames Ansteigen des „Peaks") aufweist. Das gleiche Phänomen ist auch bei der Analytik von PCB in Klärschlämmen (mittels ECD-Detektion) zu beobachten. Es handelt sich in beiden Fällen um molekularen Schwefel S_8, der für den Analytiker ein Indikator für die Verwendung von Klärschlamm sein kann [1-32].

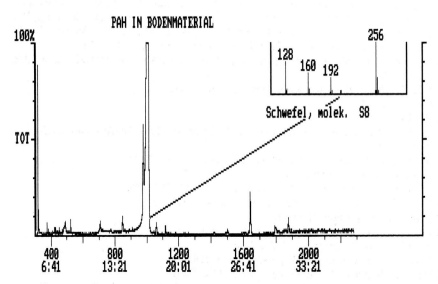

Abb. 1-24: TIC-Chromatogramm einer Bodenprobe auf Polycyclische aromatische Kohlenwasserstoffe. Säule: 30 m × 0,32 mm I.D., SE 54, 0,1 µm Filmdicke/Wasserstoff.

1.4 Zusammenfassung

Die aufgezeigten Applikationen demonstrieren eindrucksvoll, daß bei Beachtung und Durchführung der chromatographischen Regeln der gaschromatographische Analysenfehler minimiert werden kann. Die Kritikfähigkeit des Analytikers muß, gerade im Spurenbereich, gegenüber seinen Ergebnissen in den Vordergrund rücken.

1.5 Literatur

[1-1] Matter, L., Poeck, M., *GIT Supplement 3 Chromatographie*, **1987**, 81–86.

[1-2] Himberg, K., Hallikainen, A., Loukerai, A., *Z. Lebensm. Unters. Forsch.* **1993**, *196*, 126–130.

[1-3] Hild, J., *Dtsch. Lebensm. Rdsch.* **1993**, *89*, 7–10.

[1-4] Hild, J., *Dtsch. Lebensm. Rdsch.* **1993**, *89*, 48/49.

[1-5] Pretorius, V., Bertsch, W., *HRC&CC* **1983**, *6*, 64.

[1-6] Schomburg, G., Husmann, H., Weeke, F., 2nd Int. Symp. on Glass Capillary Chromatography, Hindelang, 1977, 359–383.

[1-7] Grob, K., Grob Jr, K., *J. Chromatogr.* **1978**, *151*, 311–320.

[1-8] Blum, W., Aichholz, R., Hochtemperatur Gas-Chromatographie, Heidelberg: Hüthig Verlag, 1991.

[1-9] Schreiber, G.A., Schulzki, G., Spiegelberg, A., Helle, N., Adam, S., Ammon, J., Baumann, P., Brockmann, R., Bänziger, U., Delincee, H., Droz, Ch., Estendorfer, S., Gemperle, C., von Grabowski, H.-U., Känzig, A., Krölls, W., Matter, L., Metschies, M., Mildau, G., Pfordt, J., Plaga-Lodde, A., Punkert, M., Rönnefahrt, B., Ruge, W., Stemmer, H., Vater, N., Wilmers, K., Bögl, K.W., Bericht des Instituts für Sozialmedizin und Epidemiologie des Bundesgesundheitsamtes. SozEp-Heft, 1993, 1.

[1-10] Rood, D., Troubleshooting in der Kapillar-Gas-Chromatographie, Heidelberg: Hüthig Verlag, 1991.

[1-11] Grob, K., Frech, P. *Intern. Lab.*, **1988**, *Oktober*, 18–23.

[1-12] siehe Lit. [1–10].

[1-13] siehe Lit. [1–8]

[1-14] Pentachlorphenolverbotsverordnung vom 12. Dezember 1989 (BGBl I vom 22. Dezember 1989, 2235).

[1-15] Schenker, D., Matter, L., *GIT Fachz. Lab.* **1990**, *9*, 1084/1086.

[1-16] Matter, L., 1986, unveröffentlicht.

[1-17] Pongracz, G., *Fette, Seifen, Anstrichmittel* **1986**, *88*, 383–386.

[1-18] Ulberth, F., Roubicek, D., *Fat Sci. Technol.* **1992**, *94*, 19–21.

[1-19] Matter, L., 1993, unveröffentlicht.

[1-20] Rimkus, G., Wolf, M., *Dtsch. Lebensm. Rdsch.* **1992**, *88*, 103–106.

[1-21] Hädrich, J., 1992, persönliche Mitteilung.

[1-22] Bertram, N., Krebs, G., 1993, persönliche Mitteilung.

[1-23] Krebs, G., Bertram, N., 1993, persönliche Mitteilung.

[1-24] Spiegelberg, A., Schulzki, G., Helle, N., Bögl, K.W., Schreiber, G.A., Radiation Physics and Chemistry 1993, im Druck.

[1-25] Matter, L., *J. High Resol. Chromatography*, **1992**, *15*, 514–516.

[1-26] Matter, L., Schenker, D., Husmann, H., Schomburg, G., *Chromatographia* **1989**, *27*, 31–36.

[1-27] Matter, L., *GIT Fachz. Lab.* **1990**, *34*, 664.

[1-28] Grob, K., 1992, persönliche Mitteilung.

[1-29] Amtliche Sammlung von Untersuchungsverfahren nach §35 LMBG Nr. L 06.00 12 Dezember 1991 Beuth Verlag GmbH Berlin.

[1-30] Matter, L., 1992, unveröffentlicht.

[1-31] Matter, L., *GIT Fachz. Lab.* **1989**, *11*, 1116.

[1-32] Matter, L., 1993, unveröffentlicht.

2 GC/MS-Bestimmung von Rückständen und Kontaminanten

Peter Fürst

2.1 Einleitung

Die Problematik von Rückständen und Umweltkontaminanten ist in den letzten Jahren verstärkt in den Blickpunkt des öffentlichen Interesses getreten, da die moderne instrumentelle Analytik mittlerweile die Möglichkeit bietet, in Konzentrationsbereiche von ng/kg (ppt) und sogar pg/kg (ppq) vorzudringen. Diese extreme Empfindlichkeit ermöglicht heutzutage den Nachweis vieler Substanzen, die auch schon in früheren Jahren in biologischen Proben vorhanden waren, deren Bestimmung mangels entsprechender Analysenmethoden damals allerdings nicht durchführbar war.

Wesentlichen Anteil an dieser rasanten Entwicklung haben zweifelsohne die Einführung temperaturstabiler Quarzkapillarsäulen mit hohen Trennleistungen sowie das durch neue Technologien (Quadrupol, Ion Trap) ermöglichte preiswertere Angebot von Massenspektrometern. Die Massenspektrometrie ist mittlerweile zu einem unersetzlichen Handwerkszeug für den Analytiker geworden, da sie sich speziell in Kombination mit der hochauflösenden Kapillargaschromatographie (GC/MS) zu einem sehr leistungsfähigen Verfahren zur Absicherung von Analysendaten und zur Identifizierung von unbekannten Substanzen in komplexen Gemischen entwickelt hat. Gerade im Bereich der Rückstandsanalytik hat es sich in der Vergangenheit häufiger gezeigt, daß durch die Anwendung von Multimethoden in solchen Chromatogrammen, die mit Elektroneneinfang- oder thermionischen Detektoren erhalten wurden, Signale auftraten, deren Retentionszeiten mit keiner der im Labor vorhandenen Standardsubstanzen korrespondierte, selbst wenn eine Fülle davon zur Verfügung stand. In diesen Fällen kann eine massenspektrometrische Analyse wichtige Aufschlüsse darüber liefern, ob es sich bei dem betreffenden Peak um einen Wirkstoff oder aber vielleicht nur um einen arteigenen Inhaltsstoff handelt, der aufgrund einer sehr hohen Konzentration auch ein Signal bei den spezifischeren Detektoren liefert.

Darüber hinaus ist eine leistungsfähige Analytik von Aromastoffen, etherischen Ölen und Duftkomponenten in Kosmetika ohne den Einsatz einer GC/MS-Kopplung heutzutage kaum noch denkbar.

2.2 Massenspektrometrische Aufnahmetechniken

Das Prinzip der Massenspektrometrie besteht darin, aus Verbindungen in geeigneter Weise Ionen zu erzeugen, diese nach Masse und Ladung in einem Trennsystem zu trennen und sie schließlich nach Masse und Häufigkeit als Massenspektrum zu erfassen [2-1 bis 2-10].

Grundsätzlich lassen sich beim Betrieb der kombinierten Gaschromatographie/Massenspektrometrie (GC/MS) zwei unterschiedliche Arbeitstechniken unterscheiden:

— Aufnahme von Massenspektren, oftmals auch Full Scan genannt und
— Registrierung von Massenfragmentogrammen, auch Selected Ion Monitoring (SIM), Selected Ion Recording (SIR) oder Multiple Ion Detection (MID) genannt.

2.2.1 Full Scan

Soll das Massenspektrometer eingesetzt werden, um unbekannte Verbindungen zu identifizieren, ist es in der Regel erforderlich, komplette Massenspektren aufzunehmen. Bei der Identifizierung unbekannter Substanzen kann die Anwendung verschiedener Ionisationstechniken für die massenspektrometrische Analyse sehr hilfreich sein, da sich die Massenspektren in Abhängigkeit von der Ionisationstechnik erheblich unterscheiden. Dabei enthält jedes Spektrum eine Fülle von Informationen, die zusammengenommen wertvolle Anhaltspunkte für die Identifizierung der unbekannten Substanz liefern.

Die Art der Ionenerzeugung hat einen wesentlichen Einfluß auf die erreichbare Nachweisempfindlichkeit und die Spezifität der massenspektrometrischen Bestimmung. Obwohl eine Vielzahl von Ionisierungstechniken in der Literatur beschrieben ist, haben sich im Bereich der Lebensmittelanalytik bislang hauptsächlich die Elektronenstoßionisation (EI) sowie die positive chemische (PCI) und die negative chemische Ionisation (NCI) durchgesetzt. Erfolgt z. B. die Ionisation mit Hilfe der Elektronenstoßionisation, der herkömmlichen und am weitesten verbreiteten Art der Ionenerzeugung, sind für die Aufnahme eines vollen Massenspektrums in der Regel 1–10 ng Substanz erforderlich. Dies führt dazu, daß für die Identifizierung unbekannter Substanzen oder aber die Absicherung von Analysendaten, die mit selektiven und hochempfindlichen Detektoren wie dem Elektroneneinfangdetektor (ECD) oder dem Stickstoff/Phosphor-Detektor (NPD, TSD) erhalten wurden, die Konzentration, die oftmals nur im Pikogramm-Bereich liegt, im EI-Betrieb häufig nicht ausreicht. In diesen Fällen kann die Identifizierung der unbekannten Substanz durch Anwendung anderer Ionisationstechniken, wie z. B. der chemischen Ionisation erfolgen.

Die chemische Ionisation gehört zu den sogenannten weichen Ionisationstechniken [2-10 bis 2-12]. Hierbei wird während der Analyse kontinuierlich ein Reaktantgas, meistens Methan oder Isobutan, in die Quelle des Massenspektrometers geleitet. Durch den hohen Überschuß an Reaktantgas erfolgt zunächst die Ionisation des Gases, das dann in einer Folgereaktion das aus dem Gaschromatographen in das Massenspektrometer einströmende Eluat ionisiert. Auf diese Weise erhält man Spektren, die sich in der Regel durch einen sehr stabilen Molekülionenpeak auszeichnen und nur wenige Fragmentionen aufweisen. Mit Hilfe dieser Technik lassen sich z. B. Molekulargewichtsbestimmungen von Verbindungen durchführen, die aufgrund ihrer Instabilität unter den Bedingungen der Elektronenstoßionisation keinen Molpeak liefern.

Enthalten die zu analysierenden Verbindungen elektronenziehende funktionelle Gruppen, kann es bei der chemischen Ionisation durch Ladungsübertragung zur Erzeugung von negativen Ionen kommen. Dieses Phänomen läßt sich sehr gut bei den halogenhaltigen Pestiziden und Umweltkontaminanten beobachten, die bei geeigneten Bedingungen hohe Ionenausbeuten liefern und so sehr empfindlich nachgewiesen werden können. In vielen Fällen reichen schon Pikogramm-Mengen für die Aufnahme eines vollständigen Spektrums aus. Allerdings benötigt man für die Registrierung negativer Ionen eine besondere massenspektrometrische Ausrüstung. Der wesentliche Vorteil dieser Analysentechnik liegt jedoch darin, daß Verbindungen mit geeigneter Struktur sehr selektiv und mit einer dem Elektroneneinfangdetektor vergleichbaren Empfindlichkeit nachgewiesen werden können. Darauf ist auch die steigende Bedeutung dieser Analysentechnik für die Bearbeitung rückstandsanalytischer Probleme zurückzuführen.

Bei der Strukturaufklärung unbekannter Verbindungen stellen umfangreiche MS-Bibliotheken auf elektronischen Datenträgern eine sehr große Hilfe dar. Solche modernen Spektrensammlungen (NIST, NBS/Wiley) enthalten häufig nicht nur mehr als 80 000 Massenspektren, sondern beinhalten auch weitere wichtige Kenngrößen wie z. B. CAS-Nummer und teilweise sogar die Strukturformel der jeweiligen Substanz (Abb. 2-1). Vom Computer durchgeführte Vergleiche eines unbekannten Spektrums z. B. mit den 80 000 Verbindungen der kombinierten NBS/Wiley-Bibliothek dauern in der Regel nur wenige Sekunden bis etwa eine Minute. Sollte das Massenspektrum der unbekannten Substanz nicht in der Bibliothek vorhanden sein, ist es mit modernen Geräten auch möglich, vom Computer eine automatische Interpretation des unbekannten Spektrums durchführen zu lassen. In diesem Zusammenhang ist das „self-training interpretive and retrieval system (STIRS)" zu nennen, ein von McLafferty et al. entwickeltes Programmpaket, das den Analytiker bei der Interpretation von unbekannten Massenspektren wirksam unterstützt [2-13, 2-14].

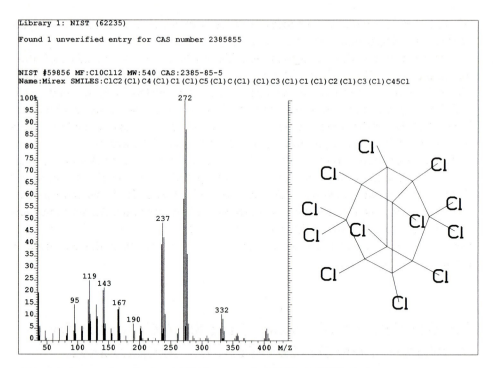

Abb. 2-1: Daten über das Pestizid Mirex aus der NIST-MS-Bibliothek.

2.2.2 Massenfragmentographie

Die Massenfragmentographie (SIM = selected ion monitoring, SIR = selected ion recording, MID = multiple ion detection) stellt die zweite wichtige Anwendungstechnik der kombinierten Kapillar-GC/MS dar. Dieses Verfahren wird immer dann eingesetzt, wenn ganz gezielt auf bestimmte Substanzen untersucht und/oder wenn quantifiziert werden soll. Dabei fungiert das Massenspektrometer gewissermaßen als massenselektiver Detektor. Bei dieser Technik verfährt man so, daß aus dem Massenspektrum der zu untersuchenden Substanz ganz charakteristische Fragmente ausgewählt werden, wobei vor allem solche Fragmente mit hoher Masse und/oder hoher Intensität in Frage kommen. Bei der eigentlichen Analyse werden dann nicht mehr ganze Massenbereiche, sondern nur wenige vorgewählte Massenfragmente registriert. Dies führt zu einer enormen Steigerung der Empfindlichkeit, da die Meßzeit pro Fragment erheblich verlängert wird. Außerdem ergeben sich in der Regel sehr übersichtliche Chromatogramme, da ja nur solche Verbindungen angezeigt werden, die mindestens eines der vorgewählten Fragmente enthalten.

Gegenüber den herkömmlichen Detektoren erhält man auf diese Weise neben der Retentionszeit auch wichtige Informationen über das Vorhandensein charakteristischer Massenfragmente, was die Selektivität des Verfahrens und damit die Aussagesicherheit des Ergebnisses wesentlich erhöht.

Wendet man die Massenfragmentographie mit Hilfe der chemischen Ionisation an, kommt es im Vergleich zur Elektronenstoßionisation zu einer Verbesserung des Signal/Rauschverhältnisses, da sich das massenspektrometrische Signal nicht mehr auf viele Fragmente verteilt, sondern in der Hauptsache nur noch aus dem Molekülion besteht. Dies führt gleichzeitig zu einer Erhöhung der Selektivität, da Messungen bei höheren Massen weniger durch Matrixeffekte beeinflußt werden.

Ein weiterer Vorteil von GC/MS-Verfahren besteht darin, daß zu Beginn der Analysen ^{13}C-markierte oder deuterierte Verbindungen als ideale innere Standards zur Probe zugegeben werden können. Da sich diese Substanzen wie die nativen Analyten verhalten, erhält man sehr genaue Angaben über die während der Aufarbeitung aufgetretenen Verluste. Obwohl gaschromatographisch häufig nicht vollständig auftrennbar, läßt sich eine Unterscheidung über die unterschiedlichen Massenfragmente problemlos durchführen.

2.3   Beispiele für die Anwendung der GC/MS bei der Analytik von Rückständen und Kontaminanten in Lebensmitteln

Im folgenden sollen einige Beispiele zeigen, welche Möglichkeiten die Anwendung der kombinierten Kapillargaschromatographie/Massenspektrometrie gerade in Verbindung mit den unterschiedlichen Aufnahme- und Ionisationstechniken im Bereich der Spurenanalytik von Rückständen und Kontaminanten bietet.

2.3.1   Identifizierung von unbekannten Substanzen und Absicherung von Analysendaten durch Aufnahme kompletter Massenspektren

2.3.1.1   Nachweis von Triazin-Herbiziden in Trinkwasser

Für organisch-chemische Stoffe zur Pflanzenbehandlung und Schädlingsbekämpfung einschließlich ihrer toxischen Hauptabbauprodukte sind in der Verordnung über Trinkwasser und über Wasser für Lebensmittelbetriebe (Trinkwasserverordnung) Grenzwerte von 0.1 µg/1 für die einzelne Substanz und 0.5 µg/1 für die Summe aller oben genannten Verbindungen vorgeschrieben. Die Überprüfung auf Einhaltung dieser extrem niedrigen Grenzwerte setzt sehr leistungsfähige Analysenverfahren voraus. Da die Triazin-Herbizide Stickstoff enthalten, bieten sich für ihren Nachweis neben HPLC-Methoden insbesondere gaschromatographische Verfahren unter Verwendung eines NP-Detektors an. Aufgrund der hohen Selektivität dieses Detektors erhält man in der Regel für Extrakte von Brunnenwasserprobe sehr saubere Chromatogramme mit nur wenigen Peaks.

Aufgrund des weitverbreiteten Einsatzes von Triazin-Herbiziden, speziell im Maisanbau, kam es in den vergangenen Jahren immer wieder zu Grenzwertüberschreitungen in Brunnenwasserproben für das mittlerweile in der Bundesrepublik Deutschland verbotene Atrazin und Simazin. Bei der Absicherung eines solchen vermeintlich positiven Befundes wurde festgestellt, daß es sich bei der betreffenden Substanz weder um Atrazin noch um Simazin, sondern um Tris(2-chlorethyl)phosphat handelte, ein in Farben und Lacken häufig verwendetes Flammschutzmittel, das auf unpolaren Trennphasen mit Simazin und Atrazin nahezu koeluiert und wegen seiner Phosphatgruppe ebenfalls empfindlich vom NP-Detektor angezeigt wird [2-15]. Die gaschromatographische Auftrennung dieser Substanzen ist in der Abb. 2-2 an einer 30 m DB-5 Kapillarsäule (0.10 µm Schichtdicke, 0.25 mm Innendurchmesser) dargestellt. Dieses Chromatogramm zeigt, daß durch Tris(2-chlorethyl)phosphat ein Befund von Triazin-Herbiziden vorgetäuscht wird. Das Beispiel verdeutlicht gleichzeitig die Notwendigkeit der Absicherung von positiven Analysenbefunden auf einer zwei-

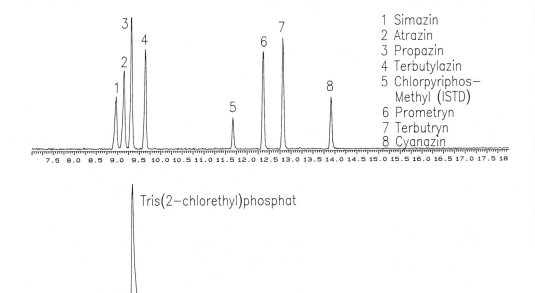

Abb. 2-2: Gaschromatographische Auftrennung von Triazin-Herbiziden und Tris(2-chlorethyl)phosphat auf einer 30 m DB-5 Kapillarsäule.

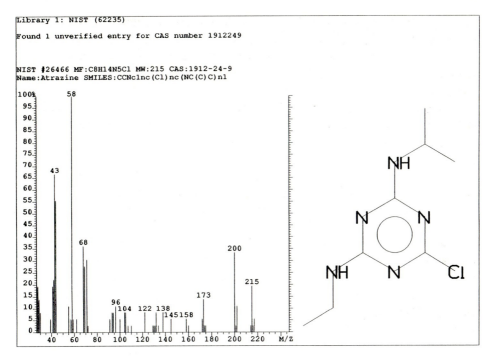

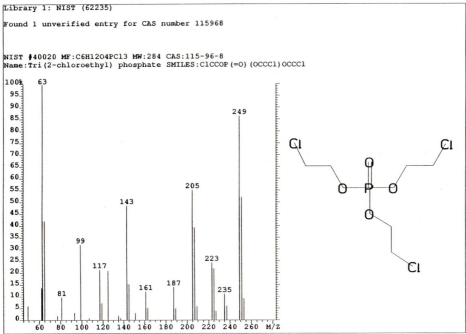

Abb. 2-3: Unterscheidung von Atrazin und Tris(2-chlorethyl)phosphat über die unterschiedlichen Massenspektren.

ten Säule unterschiedlicher Polarität oder aber durch Verwendung eines anderen De-
tektionssystemes. So bietet die GC/MS selbst bei gleichzeitiger Anwesenheit der
Triazin-Herbizide und des Flammschutzmittels aufgrund der unterschiedlichen Massenspektren die Möglichkeit, nicht nur zwischen den betreffenden Substanzen zu differenzieren, sondern diese auch nebeneinander zu quantifizieren. Die unterschiedlichen Massenspektren für Atrazin und Tris(2-chlorethyl)phosphat sind in Abb. 2-3
aufgeführt.

2.3.1.2 Absicherung von Chlorpyriphos-Ethyl in Orangen

Die Abb. 2-4 zeigt den vom Massenspektrometer registrierten Totalionenstrom eines
Orangenextraktes in Abhängigkeit von der Ionisationstechnik. Interessant ist dabei
das Größenverhältnis des mit einem Stern gekennzeichneten Peaks im Verhältnis zu
den anderen Peaks der jeweiligen Chromatogramme. Man erkennt deutlich, daß der
in Frage kommende Peak im NCI-Spektrum im Gegensatz zu den beiden anderen
Chromatogrammen am größten ist. Allein aus diesem Erscheinungsbild läßt sich
schon mit großer Wahrscheinlichkeit ableiten, daß es sich um eine halogenierte Verbindung handelt. Eine anschließende Bibliothekssuche des Massenspektrums bestä-

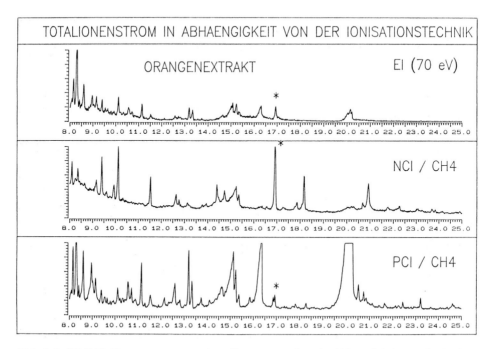

Abb. 2-4: GC/MS-Chromatogramme eines Orangenextraktes in Abhängigkeit von der Ionisationstechnik.

tigte die nach der ECD-Analyse geäußerte Vermutung, daß es sich hierbei um den insektiziden Phosphorsäureester Chlorpyriphos-Ethyl, auch unter dem Namen Dursban bekannt, handelt.

In Abhängigkeit von der angewendeten Ionisationstechnik unterscheiden sich die erhaltenen Massenspektren erheblich. Die Abb. 2-5 soll dies am Beispiel des Chlorpyriphos-Ethyls demonstrieren. Jedes Spektrum enthält eine Fülle von Informationen, die zusammengenommen eine große Hilfe bei der Interpretation bedeuten. Man erkennt in diesem Beispiel deutlich, daß aufgrund der Instabilität der Verbindung das Molekülion im Elektronenstoßionisationsspektrum nur mit einer sehr geringen Intensität angezeigt wird. Anhand der charakteristischen Fragmentierungen lassen sich dagegen wichtige Molekülstrukturen ablesen.

Die positive chemische Ionisation zeigt dagegen sehr gut den protonierten Molpeak von m/e 350 mit seinem charakteristischen, durch die drei Halogenatome hervorgerufenen Isotopenmuster. Die höheren Fragmente bei m/e 380 und 392 rühren von Anlagerungsreaktionen des als Reaktantgas verwendeten Methans her.

Schließlich liefert das unterste Spektrum, das mit Hilfe der negativen chemischen Ionisation aufgenommen wurde, wichtige Aufschlüsse über das Vorhandensein von Halogenatomen, in diesem Falle von drei Chloratomen.

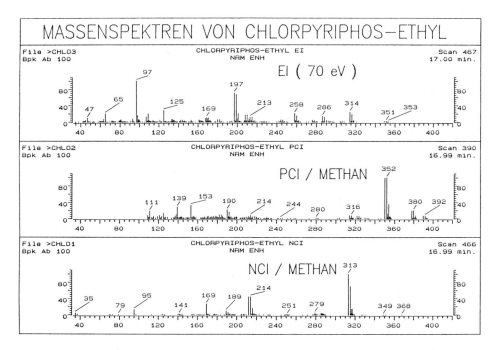

Abb. 2-5: Massenspektren von Chlorpyriphos-Ethyl in Abhängigkeit von der Ionisationstechnik.

2.3.1.3 Nachweis von Dichloran in Heilnahrung

Die Abb. 2-6 zeigt die massenspektrometrische Absicherung eines Dichloranbefundes in Heilnahrung. In diesem Falle war die absolute Konzentration so gering, daß die Absicherung nicht über die Elektronenstoßionisation, sondern mit Hilfe der negativen chemischen Ionisation durchgeführt wurde. Im obersten Chromatogramm ist der Totalionenstrom aufgezeichnet. Man erkennt, daß das Chromatogramm in seiner Selektivität einem ECD-Lauf sehr ähnlich ist. Darunter sind die NCI-Spektren des unbekannten Peaks und von Dichloran aufgeführt. Aufgrund der guten Übereinstimmung der Spektren und der übrigen chromatographischen Daten kann das Vorhandensein des Fungizids Dichloran in der analysierten Heilnahrung als sicher angesehen werden.

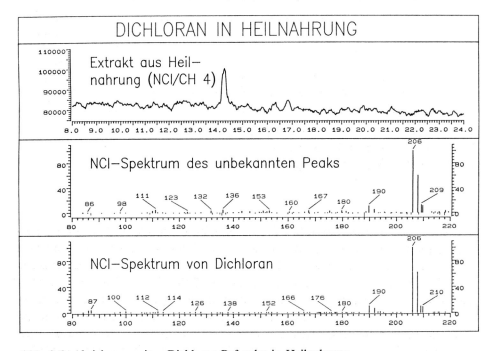

Abb. 2-6: Absicherung eines Dichloran-Befundes in Heilnahrung.
Oben: NCI-Totalionenstromchromatogramm.
Mitte: NCI-Spektrum des unbekannten Peaks.
Unten: NCI-Spektrum von Dichloran.

2.3.1.4 Identifizierung von Prophenophos in Tomaten

Die Abb. 2-7 zeigt die massenspektrometrische Analyse eines Tomatenextraktes, in dem bei der Rückstandsuntersuchung am ECD ein unbekannter Peak aufgetreten war, der mit keinem der im Labor vorhandenen Standards übereinstimmte. Im obe-

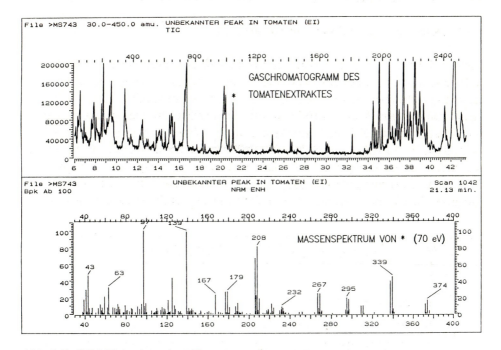

Abb. 2-7: GC/MS-Analyse eines Tomatenextraktes.
Oben: EI-Totalionenstromchromatogramm.
Unten: Massenspektrum des unbekannten Peaks.

ren Teil ist der Totalionenstrom der Probe aufgeführt, der mit Hilfe der Elektronen-stoßionisation erhalten wurde. Im Vergleich zum vorherigen Beispiel sieht man die deutlich geringere Selektivität der EI-Technik. Während NCI-Läufe Ähnlichkeiten mit ECD-Chromatogrammen aufweisen, sind EI-Läufe in etwa mit Gaschromato-grammen vergleichbar, die mit einem Flammenionisationsdetektor aufgenommen wurden. Aus diesem Grunde sieht man in dem gezeigten Chromatogramm auch eine Fülle von Tomateninhaltsstoffen, die vom Elektroneneinfangdetektor nicht ange-zeigt werden. Das Massenspektrum der mit einem Stern versehenen interessierenden, unbekannten Verbindung ist im unteren Teil der Abbildung aufgeführt.

Obwohl 80 000 Massenspektren in der zur Verfügung stehenden MS-Bibliothek vorhanden sind, blieb eine Suche nach dieser Verbindung erfolglos. Daher wurden auch die Massenspektren mit Hilfe der chemischen Ionisation aufgenommen (Abb. 2-8). Das NCI-Spektrum zeigt deutlich, daß in der Substanz mindestens ein Chlor- und ein Bromatom, erkennbar an den Fragmenten m/e 35, 37, 79 und 81 ent-halten sein muß. Das Massenspektrum der positiven chemischen Ionisation zeigt, daß aufgrund des protonierten Molpeaks bei m/e 373 das Molekulargewicht 372 be-tragen dürfte. Darüber hinaus deutet das charakteristische Isotopenmuster auf ledig-

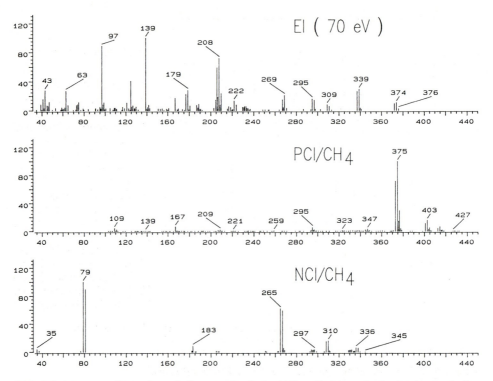

Abb. 2-8: Massenspektren des unbekannten Peaks in Abhängikeit von der Ionisationstechnik.
Oben: Elektronenstoßionisation (70 eV).
Mitte: Positive chemische Ionisation (CH$_4$).
Unten: Negative chemische Ionisation (CH$_4$).

lich ein Brom- und ein Chloratom hin. Die höheren Massen rühren wieder von Anlagerungsreaktionen des Methans her.

Aus dem EI-Spektrum läßt sich schließlich u. a. ableiten, daß eine Phosphorthionatgruppe in der Substanz enthalten sein könnte.

Die Verknüpfung der aus den drei Massenspektren abgeleiteten Informationen führte letztlich zur Vermutung, daß es sich bei der gesuchten Verbindung um den Phosphorsäureester Prophenophos handeln könnte, ein Insektizid, das in der Bundesrepublik nicht zugelassen ist. Diese Vermutung erwies sich später nach Beschaffung der Substanz und Vergleich der Massenspektren als richtig.

2.3.1.5 Bestimmung von Hormonderivaten in Kalbfleisch

In den vergangenen Jahren wurden immer wieder positive Befunde von Masthilfsmitteln in der Kälberaufzucht bekannt. Zu nennen sind hierbei synthetische Anabo-

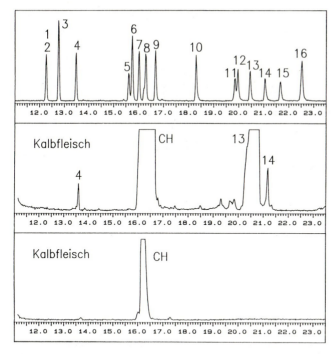

Hormone in Kalbfleisch

1 Testosteron–Acetat
2 Nortestosteron–Prop.
3 Norethisteron–Acetat
4 Testosteron–Propionat
5 Estradiol–Valerat
6 Estradiol–Dipropionat
7 Medroxyprogesteron–
  Acetat
8 Megestrol–Acetat
9 Testosteron–Isocapronat
10 Testosteron–Oenanthat
11 Estradiol–Benzoat
12 Testosteron–Benzoat
13 Testosteron–Cypionat
14 Nortestosteron–Decan.
15 Testosteron–Decanoat
16 Estradiol–Undecylat

CH Cholesterin

Abb. 2-9: GC/MS-Analyse von Kalbfleisch auf Hormonderivate.
Oben: Standardlösung.
Mitte: Positiver Hormonbefund in Kalbfleisch.
Unten: Negativer Hormonbefund in Kalbfleisch.

lica (DES, Dienöstrol, Hexöstrol), natürliche Hormone (Testosteron, Östradiol, Progesteron), Hormonester (Testosteronpropionat, -cypionat, Östradiolvalerat, -benzoat) und auch β-Sympathomimetika (Clenbuterol, Salbutamol). Bei der Aufklärung dieser Fälle hat die GC/MS wirksame Dienste geleistet, da sie nicht nur sehr schnell Aufschluß über die Zusammensetzung von Implantaten geben konnte, die im Rahmen der Fleischbeschau häufig im Muskelgewebe von Kälbern gefunden wurden, sondern auch unverzichtbar für die Identifizierung der Wirksubstanzen im Bereich von Einstichstellen war. In den meisten Fällen war genügend Substanz vorhanden, um die Identifizierung über die Aufnahme eines vollständigen Massenspektrums durchzuführen. Die Abb. 2-9 zeigt Totalionenstromchromatogramme von 16 wichtigen Hormonderivaten sowie je einer positiven bzw. negativen Kalbfleischprobe. Für die gaschromatographische Trennung wurde jeweils eine 30 m DB-1 Kapillarsäule (0.10 µm Schichtdicke, 0.32 mm Innendurchmesser) eingesetzt. Die massenspektrometrische Aufnahme der Totalionenstromchromatogramme erfolgte dabei im EI-Betrieb. Im oberen Chromatogramm ist die Auftrennung von 16 gebräuchlichen Hormonderivaten aufgeführt. Zwar koeluieren unter den gewählten Bedingungen Testosteronacetat und Nortestosteronpropionat, dennoch wäre eine Differenzierung zwischen diesen beiden Substanzen bei einem eventuellen positiven Befund aufgrund der unterschiedlichen Massenspektren problemlos möglich.

Das mittlere Chromatogramm zeigt einen postitiven Hormonbefund in Kalbfleisch. In diesem Fall konnten in der bei der Fleischbeschau aufgefallenen Injektionsstelle Testosteronpropionat, Testosteroncypionat und Nortestosterondecanoat, ein in dieser Zusammensetzung Ende der 80er Jahre gebräuchlicher, illegaler Hormon-Mix, nachgewiesen werden. Aus dem Chromatogramm läßt sich erkennen, daß das bei der Probenaufarbeitung nicht abgetrennte Cholesterin mit Megestrolacetat und Testosteronisocapronat zusammenfällt. Dies hat allerdings keinen Einfluß auf die Bestimmung der beiden Hormonderivate, da die Massenspektren der drei Substanzen so große Unterschiede aufweisen, daß sich nachträglich aus dem Totalionenstromchromatogramm die für den Nachweis erforderlichen substanzspezifischen Fragmentogramme rekonstruieren lassen. Das unterste Chromatogramm zeigt schließlich einen Kalbfleischextrakt, in dem keine Hormonderivate nachgewiesen werden konnten.

2.3.1.6 Identifizierung von Neuroleptika in Schweinefleisch

Neuroleptika gehören zur Arzneimittelgruppe der Psychopharmaka, die wegen ihrer beruhigenden, agressionshemmenden und sedierenden Wirkung kurz vor der Schlachtung besonders bei Schweinen angewendet wird, um die Streßbereitschaft und das Herztodrisiko auf dem Transport zum Schlachthof zu vermindern. Sofern es sich um zugelassene Arzneimittel handelt, müssen eventuelle Anwendungsbeschränkungen beachtet sowie die vorgeschriebenen Wartezeiten eingehalten werden. Die Überprüfung auf Einhaltung der Wartezeit erfolgt hauptsächlich durch radioimmunologische, HPLC- und GC/MS-Verfahren, wobei im letzteren Falle aufgrund der zu erwartenden niedrigen Gehalte in der Regel die Massenfragmentographie eingesetzt wird.

Vereinzelt kommt es allerdings vor, daß durch Nichteinhalten der vorgeschriebenen Wartezeit die Neuroleptikagehalte in den analysierten Fleischproben in einem so hohen Konzentrationsbereich liegen, daß die analytische Bestimmung auch über das vollständige Massenspektrum erfolgen kann. Die Abb. 2-10 zeigt die gaschromatographische Auftrennung (DB-1 Kapillare, 0.10 µm Schichtdicke, 0.32 mm Innendurchmesser) der wichtigsten als Neuroleptika eingesetzten Phenothiazin- und Butyrophenonderivate. In der Abb. 2-11 (s. S. 44) ist die Absicherung eines positiven Acepromazin-Befundes in Schweinefleisch aufgeführt. Dabei zeigt das obere Chromatogramm den mit Hilfe der Elektronenstoßionisation aufgenommenen Totalionenstrom. Bei dem mit „1" gekennzeichneten Peak handelt es sich eindeutig um Acepromazin, wie der Vergleich des Massenspektrums mit dem der Vergleichssubstanz beweist. Daneben tritt ein weiterer Peak im Totalionenstromchromatogramm

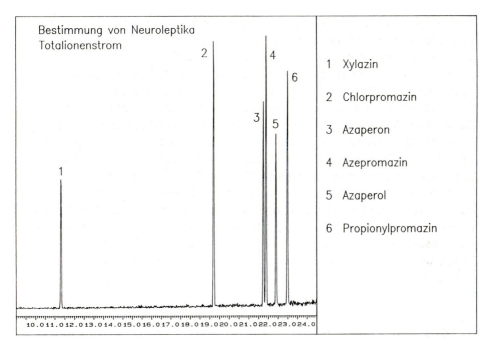

Abb. 2-10: Gaschromatographische Auftrennung der wichtigsten Neuroleptika an einer DB-1 Kapillare.

auf, der bei der vorhergehenden Massenfragmentographie nicht angezeigt wurde, da er keine der für die Messung vorgewählten Fragmente enthält. Aufgrund des sehr ähnlichen Massenspektrums mit Acepromazin liegt die Vermutung nahe, daß es sich bei dieser Substanz um einen Acepromazin-Metaboliten handelt.

Dieses Beispiel zeigt die Möglichkeit, aber auch die Grenzen der GC/MS-Analytik. So ist es zwar durch Auswahl geeigneter Massenfragmente mit Hilfe der Massenfragmentographie möglich, Substanzen im niedrigsten Spurenbereich selektiv und mit hoher Präzision zu bestimmen. Sind allerdings in den Extrakten Substanzen enthalten, die, wie der Acepromazin-Metabolit, keines der vorgewählten Fragmente enthalten, so erfolgt auch keine Detektion, wodurch unter Umständen wertvolle Informationen verloren gehen können. Je nach Fragestellung kann also die Aufnahme eines Totalionenstromchromatogrammes mit der Möglichkeit, vollständige Massenspektren zu erhalten, der Massenfragmentographie trotz der in der Regel deutlich schlechteren Nachweisempfindlichkeit überlegen sein.

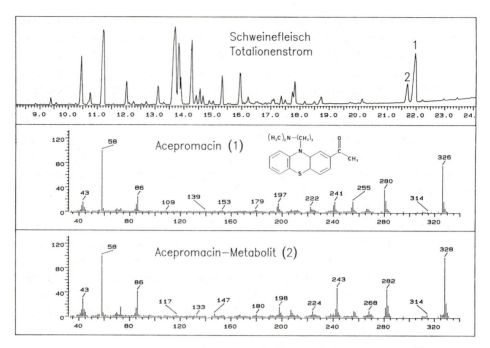

Abb. 2-11: Absicherung eines positiven Acepromazin-Befundes in Schweinefleisch.
Oben: EI-Totalionenstromchromatogramm.
Mitte: Massenspektrum von Acepromazin (Peak 1).
Unten: Massenspektrum eines Acepromazin-Metaboliten (Peak 2).

2.3.2 Nachweis und Bestimmung von Rückständen und Kontaminanten mit Hilfe der Massenfragmentographie

Wie eingangs erwähnt, bietet die Massenfragmentographie die Möglichkeit, Substanzen im niedrigsten Spurenbereich sehr selektiv und mit hoher Genauigkeit zu bestimmen. Unbedingte Voraussetzung ist dabei die genaue Kenntnis des Massenspektrums des zu bestimmenden Analyten. Diese Analysentechnik wird deshalb immer dann eingesetzt, wenn ganz gezielt auf bestimmte Wirkstoffe bzw. Wirkstoffgruppen untersucht werden soll. Im folgenden sollen einige Beispiele die Möglichkeiten und Grenzen zeigen, die die Anwendung dieser Analysentechnik bei der Bestimmung von Rückständen und Kontaminanten in Lebensmitteln bietet.

2.3.2.1 Bestimmung von polychlorierten Dibenzodioxinen und Dibenzofuranen

Polychlorierte Dibenzodioxine (PCDD) und Dibenzofurane (PCDF) gehören zur Verbindungsklasse der aromatischen Ether mit ein bis acht Chloratomen. In Abhängigkeit von ihrem Chlorierungsgrad und des Substitutionsmusters an den aromatischen Ringen lassen sich 75 PCDD und 135 PCDF, auch Kongenere genannt, unterscheiden. Beide Substanzklassen zählen zur Gruppe der Umweltkontaminanten, die nicht nur bei einer Vielzahl von technischen Produkten als unerwünschte Nebenbestandteile auftreten, sondern auch bei unvollständigen Verbrennungsprozessen gebildet werden können. Aufgrund der mannigfachen Quellen haben PCDD und PCDF mittlerweile eine ubiquitäre Verbreitung gefunden. Dies führte ähnlich wie beim DDT und anderen persistenten Organohalogenverbindungen zu einer Ablagerung in fetthaltigen Geweben und damit zu einer Anreicherung in der Nahrungskette. Interessant ist dabei, daß von den möglichen 210 Kongeneren in Humanproben und tierischen Lebensmitteln, die von Säugetieren herstammen, fast ausschließlich nur die 2,3,7,8-chlorsubstituierten Verbindungen gefunden werden.

Die Toxizität der einzelnen Kongenere unterscheidet sich erheblich. So weist 2,3,7,8-Tetrachlordibenzodioxin (TCDD) im Tierversuch eine um den Faktor 100–1000 höhere akute Toxizität als 1,2,3,8-TCDD auf. Ganz allgemein läßt sich sagen, daß die Kongenere, bei denen die Positionen 2,3,7 und 8 mit einem Chloratom besetzt sind, und die außerdem ein vicinales Proton enthalten (dirty dozen), die höchste Toxizität aufweisen. Hieraus folgt, daß eine isomerenspezifische PCDD- und PCDF-Analytik unbedingt notwendig ist, um verläßliche Daten als Grundlage für eine aussagekräftige Risikoabschätzung zu erhalten.

Aufgrund der niedrigen Gehalte in Lebensmitteln und biologischen Proben, die in der Regel nur im ng/kg (ppt) bzw. pg/kg (ppq)-Bereich liegen, und der hohen Anforderung hinsichtlich Genauigkeit und Präzision kommt für die Analytik von PCDD und PCDF als Bestimmungsverfahren lediglich die kombinierte Kapillargaschromatographie/Massenspektrometrie (GC/MS) in Betracht. Obwohl Kapillarsäulen hohe Trennleistungen ermöglichen, ist es bisher noch nicht möglich, alle PCDD- und PCDF-Kongenere auf einer Säule zu trennen. Die Säulenauswahl richtet sich ganz entscheidend nach der zu untersuchenden Matrix. So können für die Analytik von Humanproben und tierischen Lebensmitteln, die von Säugetieren stammen, unpolare, temperaturstabile Siliconphasen eingesetzt werden, da diese Proben in der Regel lediglich Kongenere mit 2,3,7,8-Chlorsubstitution aufweisen. Werden dagegen pflanzliche Lebensmittel oder tierische Proben aus belasteten Gebieten, wie z. B. Kuhmilch aus der Umgebung von Punktquellen untersucht, so müssen für die gaschromatographische Auftrennung selektivere Phasen verwendet werden, die eine eindeutige Abtrennung der toxischen 2,3,7,8-chlorsubstituierten Kongenere von den weniger toxischen Verbindungen ermöglichen. Als Beispiele seien die Cyanosiliconphasen SP 2331, CP-SIL 88, CPS-2, DB-Dioxin, sowie die Flüssigkristall-Polysiloxanphasen (SB-Smectic-Kapillaren) genannt. Die Abb. 2-12 zeigt die Elutionsfolge aller 22 TCDD-Isomere auf einer CP-SIL 88 und einer OV-17 Kapillare. Man erkennt deutlich, daß 2,3,7,8-TCDD, das toxischste Isomer, auf der OV-17 Kapillare (oben) von 1,2,7,9-TCDD überlagert wird, auf der CP-SIL 88-Säule (unten) dagegen ohne Störung bestimmt werden kann.

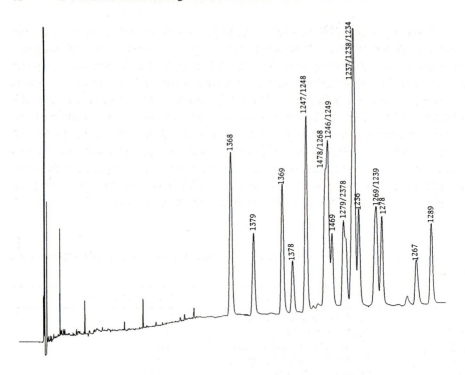

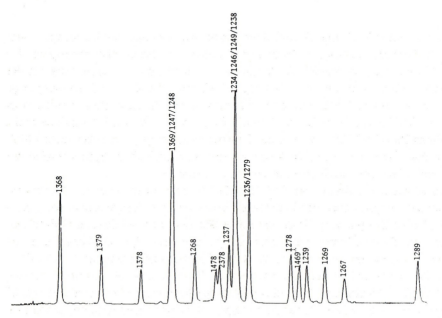

Abb. 2-12: Elutionsfolge aller 22 TCDD-Isomere auf einer OV-17 (oben) und einer CP-SIL 88 (unten) Kapillare [2-16].

Die massenspektrometrische Analyse kann je nach Problemstellung entweder mit niederauflösenden (LRMS, Quadrupol-, Ion Trap-Geräte) oder mit hochauflösenden Geräten (HRMS) durchgeführt werden. Dabei erfolgt die Bestimmung aufgrund der geringen PCDD/PCDF-Gehalte in Lebensmitteln und biologischen Proben fast ausnahmslos mit Hilfe der Massenfragmentographie. Gerade anhand der PCDD/PCDF-Bestimmung lassen sich die Fortschritte in der instrumentellen Analytik sehr gut demonstrieren. Aus der Tab. 2-1 wird deutlich, daß die Nachweisempfindlichkeit für 2,3,7,8-TCDD seit 1967 etwa um den Faktor 20000 gesteigert werden konnte. Dies führte dazu, daß moderne hochauflösende Massenspektrometer heutzutage in der Lage sind, noch 30 Femtogramm 2,3,7,8-TCDD bei einer Auflösung von $R = 10000$ mit einem Signal/Rausch-Verhältnis von $> 10 : 1$ zu detektieren.

Tab. 2-1. Steigerung der analytischen Nachweisempfindlichkeit für 2,3,7,8-TCDD zwischen 1967 und 1988.

Jahr	Methode	Nachweisgrenze (pg)
1967	GC/FID (gepackte Säule)	500
1973	GC/MS (gepackte Säule)	300
1976	GC/MS-SIM (Kapillarsäule)	200
1984	GC/MS-SIM (Kapillarsäule)	2
1988	GC/HRMS (Kapillarsäule)	0.03

Um die Selektivität und Empfindlichkeit bei Verwendung von Quadrupol- oder niederauflösenden Geräten im EI-Betrieb wesentlich zu steigern (Nachweisgrenze bei ca. 1 Pikogramm), bietet sich die Massenfragmentographie in Verbindung mit der negativen chemischen Ionisation (NCI) an. So beträgt die absolute Nachweisgrenze, basierend auf einem Signal/Rausch-Verhältnis von 10:1 für die in Humanproben vorkommenden Kongenere zwischen 50 und 500 Femtogramm. Eine Ausnahme bildet allerdings 2,3,7,8-TCDD, das unter den Bedingungen der negativen chemischen Ionisation nur einen ungenügenden Response zeigt und deshalb im Spurenbereich mit Hilfe der Elektronenstoßionisation bestimmt werden muß.

Von wesentlicher Bedeutung sind bei NCI-Messungen neben der Art des verwendeten Reaktantgases auch der Reaktantgasdruck und die Temperatur in der Ionenquelle. Durch Optimierung dieser Parameter läßt sich die Selektivität und Empfindlichkeit für einzelne Substanzen erheblich variieren. So zeigt bei Verwendung von Methan als Reaktantgas von allen 22 Tetrachlordibenzodioxinen das 2,3,7,8-TCDD die geringste und bei Verwendung von Methan/N_2O die stärkste Ansprechempfindlichkeit [2-17]. Allerdings beträgt die absolute Nachweisgrenze immerhin noch ca. 25 Pikogramm, so daß dieses Verfahren für Spurenbestimmungen in biologischen Proben zu unempfindlich ist. Ein gewisser Nachteil besteht bei NCI-Messungen darin, daß die Ansprechempfindlichkeit ähnlich wie beim ECD nicht nur von der Anzahl

Dioxine

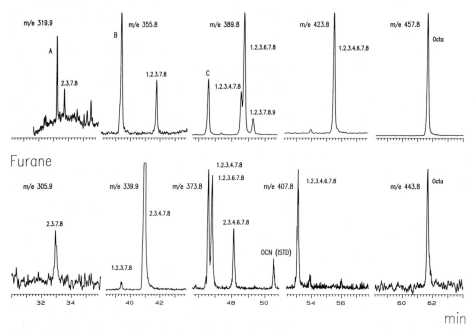

Abb. 2-13: PCDD/PCDF-Massenfragmentogramme eines Frauenmilchextraktes, aufgenommen im EI- bzw. NCI-Modus mit einem Quadrupolgerät.

der Halogenatome, sondern auch von ihrer Stellung im Molekül abhängig ist. Deshalb sind genaue quantitative Bestimmungen nur möglich, wenn die zu analysierenden Verbindungen als definierte Referenzsubstanzen vorliegen, so daß stoffspezifische Responsefaktoren bestimmt werden können.

Die Abb. 2-13 zeigt typische Massenfragmentogramme eines Frauenmilchextraktes [2-18]. Während die TCDD-Bestimmung (m/e 319.9) mit Hilfe eines massenselektiven Detektors im EI-Betrieb durchgeführt wurde, erfolgte die Bestimmung der übrigen Kongenere im NCI-Modus mit Methan als Reaktantgas. Da bei Frauenmilchproben lediglich 2,3,7,8-chlorsubstituierte Kongenere auftreten, wurden beide Bestimmungen jeweils an einer 30 m DB-5 Kapillare (0.10 µm Schichtdicke, 0.25 mm Innendurchmesser) durchgeführt. Die in den Dioxinfragmentogrammen mit „A–C" gekennnzeichneten Peaks stammen von den entsprechenden ^{13}C-markierten Furanen mit gleichem Chlorierungsgrad. Da sie im Isotopenmuster ihres Molekülpeaks teilweise die gleichen nominalen Massen aufweisen wie die nativen Dioxine mit gleichem Chlorgehalt, werden sie in den Dioxinfragmentogrammen ebenfalls miterfaßt, wenn die Analytik an niederauflösenden bzw. Quadrupol-Massenspektrometern erfolgt.

Der Gehalt an 2,3,7,8-TCDD in dieser Probe beträgt ca. 2 pg/g (ppt) Fett. Das Fragmentogramm für dieses Kongener (m/e 319.9) macht deutlich, daß dieser Gehalt bei Verwendung von niederauflösenden und Quadrupol-Systemen die untere Grenze des praktischen Arbeitsbereiches darstellt.

Sehr viel empfindlicher läßt sich dagegen messen, wenn die Massenfragmentographie mit Hilfe der hochauflösenden Massenspektrometrie erfolgt. Die Abb. 2-14 (s. S. 50) zeigt die Bestimmung von 2,3,7,8-TCDD in Frauenmilch. Die Analyse erfolgte in diesem Fall durch Kapillargaschromatographie/hochauflösende Massenspektrometrie mit Hilfe der Massenfragmentographie im EI-Betrieb. Für die gaschromatographische Trennung wurde ebenfalls eine DB-5 Kapillarsäule (0.10 μm Schichtdicke, 0.25 mm Innendurchmesser) eingesetzt. Während die beiden oberen Chromatogramme die Fragmentogramme der für das native 2,3,7,8-TCDD vorgewählten exakten Massen m/e 319.8965 und 321.8936 zeigen, sind in den beiden unteren Chromatogrammen die entsprechenden Fragmentogramme für die ^{13}C-markierten Tetrachlordibenzodioxine abgebildet. Dabei stammt der zweite, kleinere Peak vom ^{13}C-2,3,7,8-TCDD. Diese Substanz wird den Proben zu Beginn der Aufarbeitung in einer Menge von 25 Pikogramm zugegeben. Bei dem kurz vorher eluierten Peak handelt es sich um ^{13}C-1,2,3,4-TCDD, eine Substanz, die in einer Menge von 50 Pikogramm vor dem letzten Konzentrierungsschritt zu den Extrakten gegeben wird. Durch die Verwendung dieser beiden inneren Standards erhält man sehr genaue Aussagen über die während des Analysenganges aufgetretenen Verluste. An der Vollständigkeit der gaschromatographischen Auftrennung dieser beiden Substanzen läßt sich auch sehr schnell erkennen, ob die Trennleistung der verwendeten GC-Säule für das zu bearbeitende Analysenproblem noch ausreicht.

Der Vorteil der hochauflösenden Massenfragmentographie zeigt sich darin, daß im Gegensatz zum vorherigen Beispiel das ^{13}C-2,3,7,8-TCDF in der Massenspur für das native 2,3,7,8-TCDD nicht mehr angezeigt wird und daß die Nachweisempfindlichkeit durch stärkeres Ausblenden des Untergrundes wesentlich verbessert wird. Diese Empfindlichkeitssteigerung macht es sogar möglich, 2,3,7,8-TCDD in Kuhmilch, die nicht aus Belastungsgebieten stammt, nachzuweisen. Die Abb. 2-15 (s. S. 51) zeigt die Analyse einer Kuhmilchprobe aus dem Handel, in der ein 2,3,7,8-TCDD-Gehalt von 0.20 pg/g (ppt) Fett nachgewiesen wurde. Trotz dieser sehr geringen Konzentration stimmt das gemessene Verhältnis der Peakflächen für die vorgewählten Fragmente von 0.7636 sehr gut mit dem theoretischen Wert von 0.77 überein. Die Meßbedingungen entsprachen denen für die Frauenmilch.

Während für die Analytik von Humanproben problemlos temperaturstabile, unpolare Silikonphasen eingesetzt werden können, da lediglich 2,3,7,8-chlorsubstituierte Verbindungen enthalten sind, erfordern Analysen von pflanzlichen Lebensmitteln selektivere Trennphasen, die eine eindeutige Abtrennung der toxischen von den weniger toxischen Kongeneren ermöglichen. Die Abb. 2-16 (s. S. 52) zeigt dies am Beispiel der Bestimmung von Tetrachlordibenzofuranen (oben) und Tetrachlordibenzodioxinen (unten) in einer Grünkohlprobe. Für die gaschromatographische

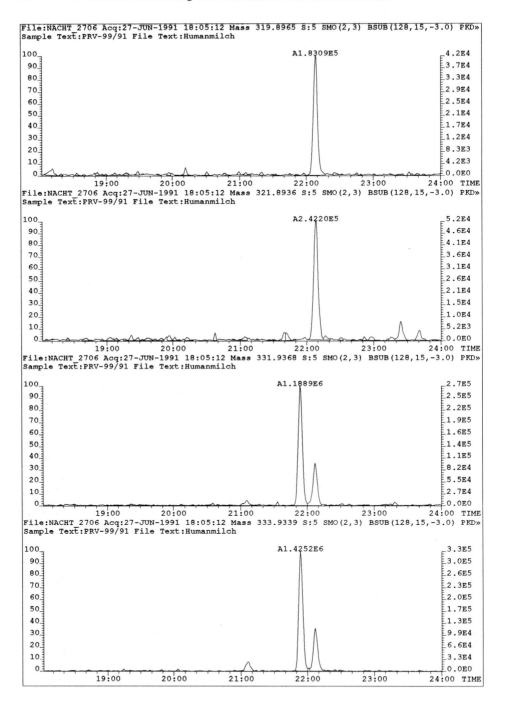

Abb. 2-14: Bestimmung von 2,3,7,8-TCDD in Frauenmilch durch hochauflösende Massenfragmentographie an einer DB-5 Kapillare.

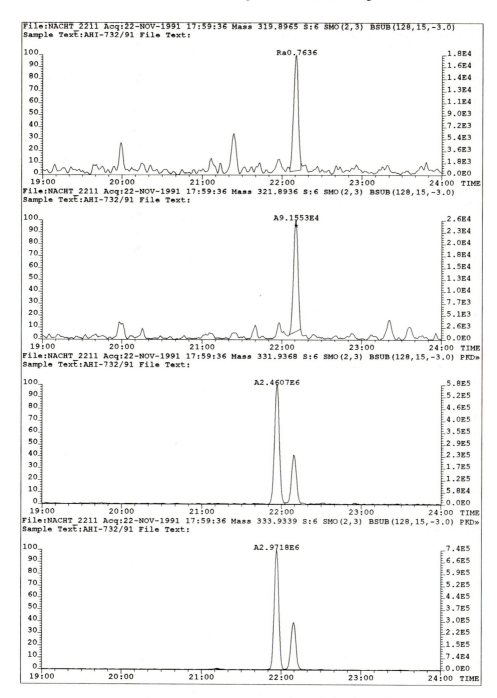

Abb. 2-15: Bestimmung von 2,3,7,8-TCDD in Kuhmilch durch hochauflösende Massenfragmentographie an einer DB-5 Kapillare.

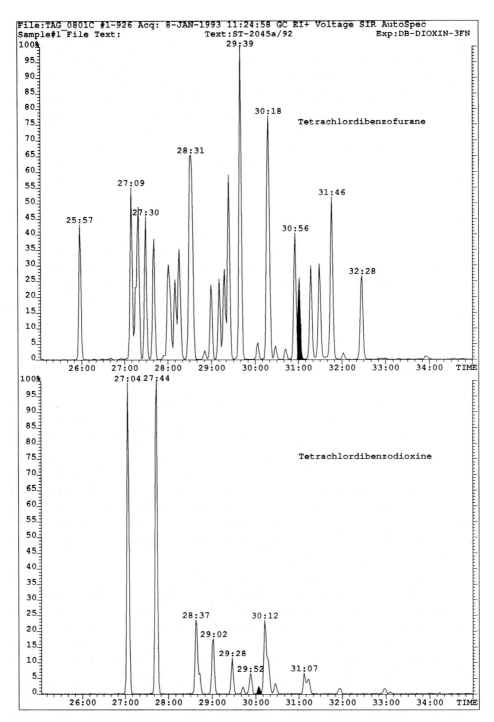

Abb. 2-16: Bestimmung von Tetrachlordibenzofuranen (oben) und Tetrachlordibenzodioxinen (unten) in einer Grünkohlprobe auf einer DB-Dioxin Kapillare.

Auftrennung wurde eine DB-Dioxin-Kapillare verwendet. Aus Gründen der Über-
sichtlichkeit wurde jeweils nur ein Fragmentogramm für jede Homologengruppe
aufgeführt. Die Peaks für die beiden besonders relevanten 2,3,7,8-chlorsubstituierten
Kongenere sind jeweils schwarz unterlegt. Im Gegensatz zu den Frauen- und Kuhmilchproben weist dieser Extrakt wesentlich mehr Peaks auf. Dies hängt damit zusammen, daß der Grünkohl aufgrund seiner relativ langen Standzeit und großen
Oberfläche in der Lage ist, luftgetragene Schadstoffe über einen langen Zeitraum
quasi wie ein Schwamm aufzusaugen, wobei so gut wie keine Form der Metabolisierung oder des Abbaus auftritt. Diese Eigenschaft macht den Grünkohl zu einem hervorragenden Bioindikator, dessen Analytik sehr schnell Aussagen über die Belastung
der Luft, insbesondere mit organischen Schadstoffen, zuläßt.

Die aufgeführten Chromatogramme verdeutlichen, daß die kombinierte Kapillar-
gaschromatographie/Massenspektrometrie auch in komplexen Matrices die Möglichkeit bietet, polychlorierte Dibenzodioxine und Dibenzofurane im niedrigsten
Spurenbereich sehr selektiv zu bestimmen. Dies war auch das Ergebnis eines internationalen Ringversuches, bei dem Kuhmilchproben unterschiedlicher PCDD/
PCDF-Belastung mit hoher Genauigkeit und Reproduzierbarkeit analysiert wurden
[2-19].

2.3.2.2 Bestimmung von PCB und PCB-Ersatzstoffen

Die Kenntnis des Gefährdungspotentials von polychlorierten Biphenylen (PCB) hat
in der Vergangenheit zu verstärkten Anstrengungen geführt, diese Verbindungen
durch weniger toxische Produkte zu ersetzen. Eine Substanzklasse, die die PCB aufgrund ähnlicher guter technischer Eigenschaften im großen Umfange speziell im Untertagebergbau ersetzt hat, sind Tetrachlorbenzyltoluole (TCBT). TCBT bilden den
Hauptbestandteil in Produkten, die unter der Bezeichnung Ugilec 141 und Ugilec T
im Handel sind. Der Einsatz im Untertagebergbau wird zwar als geschlossene Anwendung bezeichnet, offenbar kommt es aber trotzdem zu nicht unerheblichen Frei-
setzungen, wobei die Hydraulikflüssigkeit über Grubenabwässer oder Bewetterungs-
anlagen in die Umwelt gelangt.

Die Bestimmung der PCB in Lebensmitteln wird in der Regel isomerenspezifisch
mit Hilfe eines Elektroneneinfangdetektors (ECD) durchgeführt. Hierbei kann es zu
Fehlbeurteilungen kommen, wenn gleichzeitig Tetrachlorbenzyltoluole vorliegen. Da
PCB und TCBT eine vergleichbare Polarität aufweisen, ist es nur schwer möglich,
beide Substanzklassen selektiv voneinander zu trennen. Darüber hinaus weisen beide
Verbindungsklassen ein ähnliches Verhalten bei der gaschromatographischen Analyse auf, so daß es zu Peaküberlagerungen kommt. In der Abb. 2-17 sind Chromatogramme eines Gemisches von Clophen A30/A60, ausgewählter PCB-Einzelisomere
und von Ugilec 141 aufgeführt, jeweils an einer DB-5 Kapillare getrennt. Die Abbildung zeigt, daß die TCBT im Retentionszeitfenster der PCB liegen. Hierbei ist vor

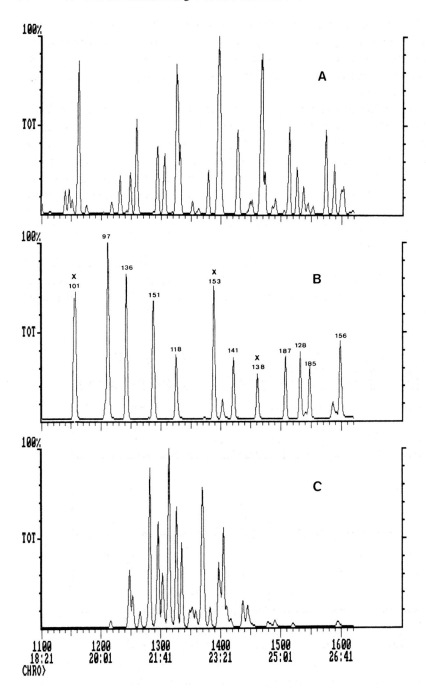

Abb. 2-17: Gaschromatographische Auftrennung eines Gemisches von Clophen A30/A60 (oben), ausgewählter PCB-Kongenere (Mitte) und von Ugilec 141 (unten) auf einer DB-5 Kapillare.

allem das PCB-Kongener mit der Ballschmiter-Nummer 153 zu nennen, für das in der Schadstoffhöchstmengenverordnung ein Grenzwert enthalten ist. Die gleichzeitige Anwesenheit von TCBT und PCB in einer Lebensmittelprobe würde also zwangsläufig zu falschen Ergebnissen führen, wenn die Bestimmung von PCB 153 durch GC/ECD erfolgen würde.

Da PCB und TCBT unterschiedliche Massen aufweisen, kann man für ihre Analytik das Massenspektrometer als massenselektiven Detektor einsetzten, wodurch die Bestimmung einer Substanzklasse auch in Gegenwart eines großen Überschusses der jeweils anderen Verbindungen problemlos gelingt. Die Abb. 2-18 zeigt dies am Beispiel eines Barsch-Extraktes aus der Rur. Während das obere Chromatogramm den vom Massenspektrometer aufgezeichneten Totalionenstrom darstellt, erkennt man in den beiden unteren Fragmentogrammen die typischen Muster der Tetrachlorbenzyltoluole und der Hexachlorbiphenyle. Die Analytik erfolgte in diesem Fall mit Hilfe eines Ion Trap-Detektors.

Die Tatsache, daß in Fischen aus Gebieten mit intensivem Bergbau Tetrachlorbenzyltoluol-Gehalte bis zu 25 mg/kg eßbarem Anteil nachgewiesen werden konnten [2-20, 2-21], sollte sicherlich Anlaß geben, den Einsatz dieser PCB-Ersatzstoffe erneut zu überdenken.

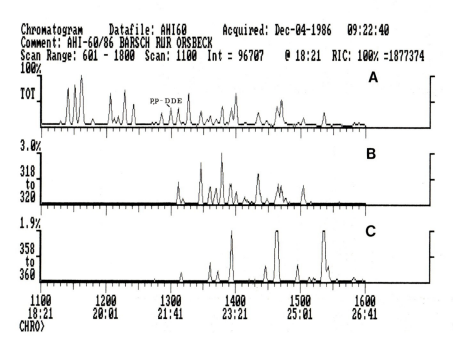

Abb. 2-18: Bestimmung von PCB und TCBT in einem Barsch-Extrakt.
Oben: Totalionenstromchromatogramm.
Mitte: Fragmentogramm für Tetrachlorbenzyltoluole.
Unten: Fragmentogramm für Hexachlorbiphenyle.

2.3.2.3 Nachweis von polybromierten Flammschutzmitteln

Polybromierte Biphenyle (PBB) und Biphenylether (PBBE) besitzen beträchtliche Bedeutung als Flammschutzmittel für Kunststoffe und Textilien. Die Abb. 2-19 zeigt die Strukturformeln der wichtigsten Wirkkomponenten. Ihr Einsatz reicht vom Zusatz zu Kunststoffen, wodurch Flugzeugteile und Fernsehgehäuse schwer entflammbar werden, bis zur Imprägnierung von Textilien, wie z. B. Theatervorhänge oder Teppichböden. Besonderes Interesse haben die polybromierten Flammschutzmittel in der letzten Zeit dadurch erfahren, daß die Verbrennung von Kunststoffen mit Zusätzen von PBB und PBBE zur Bildung polybromierter Dibenzodioxine und Dibenzofurane führen kann.

Wirkkomponenten	Strukturformel	Handelsname
Octabrombiphenyl	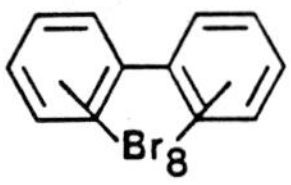 Br_8	Bromkal 80
Hexabrombiphenyl	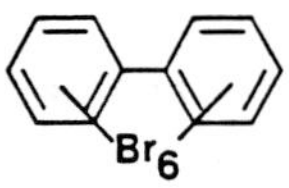 Br_6	Firemaster BP-6 oder Firemaster FF-1
Decabrombiphenylether	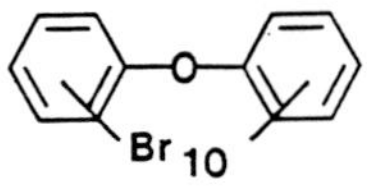 Br_{10}	Bromkal E 82
Octabrombiphenylether	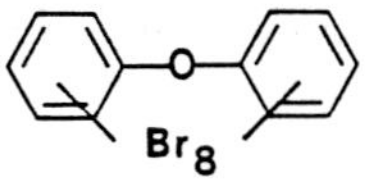 Br_8	Bromkal 79
Pentabrombiphenylether	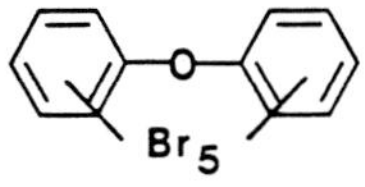 Br_5	Bromkal 70-5 DE
Tris (2,3-dibrom-propyl-) phosphat	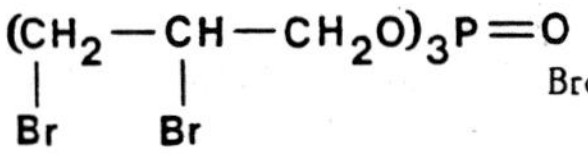 $(CH_2-CH-CH_2O)_3P=O$ $Br \quad Br$	Bromkal P 67

Abb. 2-19: Strukturformeln der wichtigsten als Flammschutzmittel eingesetzten polybromierten Biphenyle und Biphenylether.

Im Gegensatz zu den polychlorierten Biphenylen sind die polybromierten Biphenyle vermutlich wegen der geringeren Produktionsmengen und der deshalb zu erwartenden niedrigen Konzentrationen in biologischen Proben recht wenig untersucht,
obwohl sie eine den PCB vergleichbare Persistenz und einen hohen Grad der Bioakkumulation aufweisen. Auch bezüglich der Toxizität sind sie den PCB vergleichbar, wobei insbesondere solche Kongenere ein erhöhtes toxisches Potential besitzen,
die in beiden para- und in mindestens einer meta-Stellung am Phenylring substituiert
sind [2-22].

Hieraus folgt, daß das Analysenverfahren zur Bestimmung von PBB und PBBE
nicht nur empfindlich und hochselektiv sein muß, um auch in Gegenwart eines zu
erwartenden Überschusses an anderen halogenierten Umweltkontaminanten zu ver-
läßlichen Aussagen zu kommen, sondern auch in der Lage sein sollte, die relevanten
Verbindungen kongenerenspezifisch zu bestimmen. Weil es sich bei den betreffenden
Analyten um relativ unpolare Substanzen mit teilweise sehr hohen Molekulargewichten handelt, eignen sich als stationäre Phasen für die Trennkapillaren lediglich die
thermostabilen, unpolaren Silikonphasen.

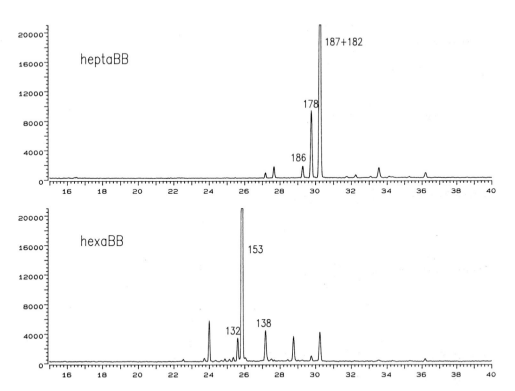

Abb. 2-20: Nachweis von Heptabrombiphenylen (oben) und Hexabrombiphenylen (unten) in
Frauenmilch durch Massenfragmentographie im NCI-Modus.

Da bei der Untersuchung von tierischen Lebensmitteln immer mit einem großen Überschuß an PCB gerechnet werden muß, ist die Gefahr einer Fehlbeurteilung bei der Bestimmung von PBB und PBBE immer dann recht groß, wenn die Analyse unter Verwendung eines Elektroneneinfangdetektors erfolgt. Ein sehr viel selektiveres Verfahren stellt dagegen die kombinierte GC/MS mit Hilfe der Massenfragmentographie unter Verwendung der negativen chemischen Ionisation dar. Die NCI-Technik eignet sich deshalb besonders, weil bromierte Aromaten sehr empfindlich angezeigt werden. Durch Anwendung dieses Analysenverfahrens gelingt es, PBB und PBBE in Lebensmitteln und biologischen Proben im ppt-Bereich auch bei einem großen Überschuß von PCB sicher nachzuweisen [2-23, 2-24]. Die Abb. 2-20 zeigt dies am Beispiel des Nachweises von Hexa- und Heptabrombiphenylen in Frauenmilch [2-23]. Die Gehalte dieser Verbindungen liegen zwischen 0.03 und 1 ng/g (ppb) Fett. Dabei ist 2,2',4,4',5,5'-Hexabrombiphenyl (PBB 153) das vorherrschende Kongener. Dies ist nicht überraschend, da diese Verbindung auch den Hauptanteil in den Flammschutzmitteln Firemaster BP-6 und FF-1 ausmacht. Zudem ist von PCB-Untersuchungen bekannt, daß eine Chlorsubstitution in 2,2',4,4',5,5'-Stellung zu einer besonders starken Bioakkumulation in Säugetiergeweben führt.

2.3.2.4 Nachweis von polychlorierten Terpenen

Die mit Toxaphen, Camphechlor, Strobane und Melipax bezeichneten Insektizide enthalten als Wirkstoffe ohne Ausnahme polychlorierte Terpene, wobei das technische Produkt Toxaphen die größte Bedeutung besitzt. Nach seiner kommerziellen Einführung 1945 entwickelte es sich in den 60er und 70er Jahren speziell in den USA zu einem der meistverwendeten Insektizide. Wegen seiner Toxizität und seiner Persistenz in der Umwelt erfolgte in den meisten westlichen Ländern seit Ende der 70er Jahre eine drastische Reduzierung der Produktion und Anwendung. So ist der Einsatz von Toxaphen in der Bundesrepublik Deutschland bereits seit 1971 verboten. Eine große Bedeutung besitzt das Toxaphen dagegen nach wie vor in osteuropäischen Ländern sowie in einigen Staaten der Dritten Welt, wo es vor allem im Baumwollanbau eine weite Verbreitung gefunden hat.

Aufgrund des weitverbreiteten Einsatzes von Toxaphen, verbunden mit der hohen Persistenz, scheinen polychlorierte Terpene ähnlich wie auch zahlreiche andere lipophile Insektizide mittlerweile ubiquitär verbreitet zu sein. Dies zeigt sich unter anderem auch darin, daß über Toxaphen-Befunde im mg/kg-Bereich in Lebertran berichtet wurde [2-25].

Die analytische Bestimmung von polychlorierten Terpenen wird durch die große Anzahl an möglichen Kongeneren mit unterschiedlicher Zahl an Chloratomen wesentlich erschwert. So besteht Toxaphen aus mindestens 202 Einzelkomponenten, von denen polychlorierte Bornane 76% ausmachen [2-26]. Darüber hinaus kann es bei der Analyse von Lebensmitteln durch die ebenfalls weit verbreiteten PCB und an-

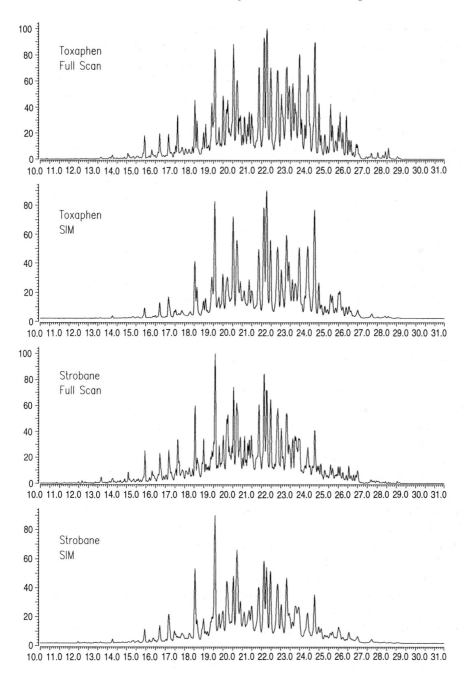

Abb. 2-21: GC/MS/NCI-Analysen von Toxaphen und Strobane durch Aufnahme des Totalionenstromes (Full Scan) und mittels Massenfragmentographie (SIM).

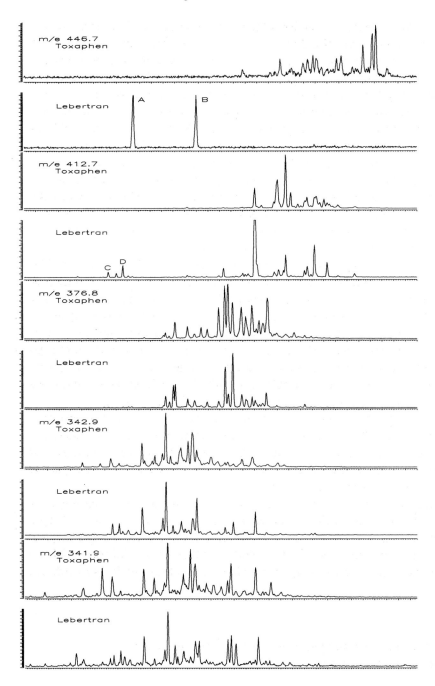

Abb. 2-22: GC/MS/NCI-Massenfragmentogramme für Hexa- bis Decachlorterpene eines technischen Toxaphen-Gemisches und einer Lebertranprobe.

dere Organochlorpestizide zu erheblichen Störungen kommen, die eine sichere analytische Bestimmung mittels GC/ECD problematisch machen. Sehr gut hat sich dagegen für die Analytik dieser Verbindungsklasse das GC/MS-Verfahren nach Swackhamer et al. [2-27] in geringfügig modifizierter Form bewährt [2-28]. Durch Anwendung der Massenfragmentographie in Verbindung mit der negativen chemischen Ionisation können die polychlorierten Terpene, auch in Gegenwart anderer persistenter Insektizide und PCB sehr empfindlich nachgewiesen werden. Da es sich bei den polychlorierten Terpenen des Toxaphens im wesentlichen um Bornane und Bornene mit sechs bis zehn Chloratomen handelt, werden für die massenspektrometrische Aufnahme je zwei charakteristische Fragmente für jede Isomerengruppe vorgewählt. Betrachtet man die in Abb. 2-21 dargestellten Totalionenstromchromatogramme technischer Gemische von Toxaphen und Strobane sowie die nach Registrierung der vorgewählten Massen erhaltenen Massenfragmentogramme, so erkennt man deutlich, daß der größte Teil der Toxaphen- und Strobanekomponenten mit der Methode erfaßt wird.

Wird Toxaphen von Lebewesen aufgenommen, so erfolgt im Organismus eine Metabolisierung, woraus schließlich ein Substanzgemisch resultiert, das in seiner prozentualen Zusammensetzung von dem ursprünglich aufgenommenen Produkt ganz erheblich abweicht. Die Abb. 2-22 zeigt dies am Beispiel der Massenfragmentogramme der Deca- bis Hexachlorterpene eines Toxaphenstandards und einer Lebertranprobe. Die Intensitätsunterschiede für die jeweiligen Isomere eines Chlorierungsgrades zwischen dem Toxaphenstandard und dem Lebertran sind teilweise gravierend, was zweifellos auf eine unterschiedlich starke Metabolisierung der einzelnen polychlorierten Terpene im Fischorganismus zurückzuführen ist.

Die mit „A – D" bezeichneten Peaks stammen von cis- und trans-Nonachlor, sowie cis- und trans-Chlordan, die mit dem Analysenverfahren ebenfalls miterfaßt werden, ohne die Analyse von polychlorierten Terpenen zu beeinträchtigen. Da für diese Analysen definierte Einzelverbindungen zur Verfügung stehen, können genaue Quantifizierungen durchgeführt werden.

Dagegen läßt sich eine exakte quantitative Bestimmung der einzelnen polychlorierten Terpene momentan nicht realisieren, da keine definierten Einzelverbindungen als Referenzsubstanzen kommerziell erhältlich sind. Somit besteht zur Zeit lediglich die Möglichkeit, anhand eines auf dem Markt erhältlichen Insektizides auf Polychlorterpenbasis eine Abschätzung der Gehalte in Lebensmitteln vorzunehmen [2-28].

2.3.2.5 Bestimmung von Benzo(a)pyren in geräuchertem Fleisch und Fleischerzeugnissen

Die Verordnung über Fleisch und Fleischerzeugnisse begrenzt den durchschnittlichen Gehalt an Benzo(a)pyren in geräuchertem Fleisch, geräucherten Fleischerzeugnissen und Fleischerzeugnissen mit einem Anteil an geräucherten Lebensmitteln auf

1 µg/kg (ppb). Aufgrund der niedrigen Höchstmenge sind für die Analytik von Benzo(a)pyren-Rückständen in Lebensmitteln sehr empfindliche Nachweismethoden erforderlich. Im Rahmen der amtlichen Lebensmittelüberwachung werden vor allem hochdruckflüssigkeitschromatographische Analysenverfahren eingesetzt, wobei man sich die guten Fluoreszenzeigenschaften der polycyclischen Aromaten zunutze macht. Daneben wurden einige gaschromatographische Verfahren beschrieben. Nachteilig wirkt sich hierbei allerdings aus, daß das Benzo(a)pyren keine funktionellen Gruppen enthält, die eine Bestimmung an selektiven Detektoren, wie dem Elektroneneinfangdetektor oder dem thermionischen Stickstoffdetektor ermöglichen. Stattdessen muß die Bestimmung an einem Flammenionisationsdetektor (FID) erfolgen, was aufgrund der geringen Selektivität des Detektors einen erheblichen Aufwand zur Reinigung des Extrakts erfordert.

Eine sehr elegante Methode, geringe Spuren von Benzo(a)pyren mit hoher Selektivität in Lebensmitteln nachzuweisen, stellt die kombinierte Kapillargaschromatographie/Massenspektrometrie unter Verwendung der SIM-Technik dar. Zudem bietet eine massenspektrometrische Bestimmung den Vorteil, daß deuterierte Substanzen als ideale innere Standards den Proben direkt zu Beginn der Aufarbeitung zugegeben werden können.

Die Abb. 2-23 zeigt im unteren Teil das Massenspektrum von Benzo(a)pyren. Man erkennt deutlich den stabilen Peak des Molekülions bei m/e 252. Fragmente mit niedriger Masse treten dagegen nur mit untergeordneter Intensität auf. Aufgrund dieser Tatsache sind die polycyclischen Aromaten generell sehr gut für GC/MS-Analysen unter Verwendung der SIM-Technik geeignet. Dies beruht auf dem Prinzip dieser Technik: Aus den Massenspektren der zu analysierenden Substanzen werden charakteristische Massen ausgewählt. Im Hinblick auf eine hohe Selektivität verbunden mit einer großen Nachweisempfindlichkeit kommen dazu vor allem Fragmente mit hoher Intensität und/oder Masse in Frage. Diese Voraussetzung erfüllen natürlich Substanzen wie das Benzo(a)pyren ganz hervorragend, weil dessen Molekülion gleichzeitig das intensivste Fragment (Basepeak) ist.

Im oberen Teil der Abb. 2-23 ist das Massenspektrum des deuterierten Benzo(a)-pyrens abgebildet. Da bei dieser Verbindung im Vergleich zur nativen Verbindung die zwölf Wasserstoffatome jeweils gegen Deuteriumatome ausgetauscht sind, verschiebt sich der Molpeak um zwölf Masseneinheiten nach m/e 264. Durch einen definierten Zusatz an deuteriertem Benzo(a)pyren zur Probe kann man somit eine wichtige Information über die während der Analyse aufgetretenen Verluste erhalten.

Für die Reinigung der Extrakte wurde ein Verfahren adaptiert, das eine weite Anwendung bei der Analytik von umweltrelevanten Schadstoffen gefunden hat. Kernstück dieses Verfahrens ist die Verwendung einer kleinen Säule mit einer speziell vorbehandelten Aktivkohle, in diesem Fall Carbopack C (Fa. Supelco). Diese Aktivkohle besitzt die Eigenschaft, planare und co-planare Verbindungen selektiv zurückzuhalten, während nicht-planare Substanzen die Säule ungehindert passieren kön-

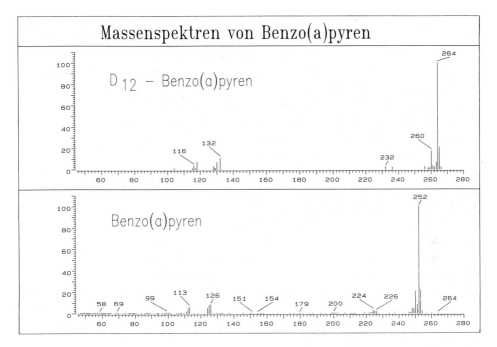

Abb. 2-23: Massenspektren von deuteriertem (oben) und nativem Benzo(a)pyren (unten).

nen. Reinigungsschritte unter Verwendung solcher Aktivkohlen spielen vor allem bei der Analytik von polychlorierten Dibenzodioxinen und Dibenzofuranen, die wegen ihrer planaren Struktur auf diese Weise von den nicht-planaren PCBs selektiv abgetrennt werden können, eine besondere Rolle.

Man verfährt in der Regel so, daß der Extrakt in einem organischen Lösungsmittel, das nicht aromatisch oder planar sein darf, auf die Aktivkohle aufgebracht wird. Anschließend erfolgt die Abtrennung der nicht-planaren Verbindungen, wobei mit Ausnahme der oben erwähnten planaren Lösungsmittel alle möglichen Elutionsmittel verwendet werden können. Unter Verwendung von Toluol wird schließlich die planare Fraktion von der Säule eluiert. Da es sich bei der Kohle um ein sehr feines Material handelt, das sehr leicht die Säule verstopfen kann, hat es sich als günstig erwiesen, das Adsorbens entweder in Glasfaserfiltern zu dispergieren oder aber mit Trägermaterialien, wie z.B. Celite 545, zu vermischen.

Dieses für die Dioxin-Analytik entwickelte Verfahren läßt sich in gleicher Weise für die Bestimmung von polycyclischen Aromaten anwenden.

Die Abb. 2-24 zeigt typische Fragmentogramme, die bei der Analyse eines Schwarzwälder Schinkens mit der beschriebenen Methode erhalten wurden. Im oberen Teil ist das Fragmentogramm der Masse m/e 264 aufgeführt, das praktisch nur das als inneren Standard verwendete deuterierte Benzo(a)pyren zeigt. Im unteren

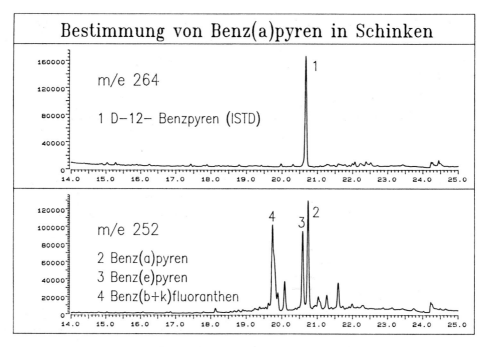

Abb. 2-24: Bestimmung von Benzo(a)pyren in Schwarzwälder Schinken.
Oben: Fragmentogramm für m/e 264.
Unten: Fragmentogramm für m/e 252.

Fragmentogramm der Masse m/e 252 werden dagegen neben dem Benzo(a)pyren natürlich auch Benzo(e)pyren, sowie Benzo(b+k)fluoranthen angezeigt, da sie ebenfalls ein Molekulargewicht von 252 aufweisen und somit auch mit der SIM-Technik erfaßt werden. Diese peakarmen Fragmentogramme verdeutlichen, daß die Kombination von Aktivkohlereinigung und GC/MS-Kopplung eine hervorragende Möglichkeit bietet, bei einem akzeptablen Arbeits- und Zeitaufwand die polycyclischen Aromaten selektiv und empfindlich nachzuweisen.

2.3.2.6 Bestimmung von Chloramphenicol in tierischen Lebensmitteln

Chloramphenicol (CAP) hat in den letzten Jahren aufgrund seiner guten bakteriostatischen Wirkung gegen zahlreiche gramnegative und grampositive Bakterien eine breite Anwendung in der Massentierhaltung gefunden. Da schon geringe Chloramphenicol-Mengen für den Menschen nicht ganz unbedenklich sind, wurden für einige Lebensmittel in der Verordnung über Stoffe mit pharmakologischer Wirkung Chloramphenicol-Höchstmengen von 1 bzw. 10 μg/kg festgesetzt.

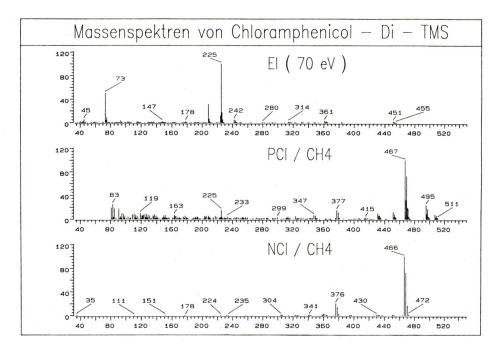

Abb. 2-25: Massenspektren von Chloramphenicol-di-TMS-Derivat.
Oben: Elektronenstoßionisation (70 eV).
Mitte: Positive chemische Ionisation (CH$_4$).
Unten: Negative chemische Ionisation (CH$_4$).

Da das CAP in seinem Molekül zwei Chloratome besitzt, bietet sich für seinen Nachweis nach Silylierung neben dem ECD besonders die GC/MS mit negativer chemischer Ionisation an [2-29].

Durch Einhaltung bestimmter Derivatisierungsbedingungen gelingt es, Chloramphenicol gezielt in das zweifach silylierte Produkt zu überführen [2-30]. Die Massenspektren, die von dieser Substanz nach Anwendung unterschiedlicher Ionisationstechniken erhalten wurden, sind in der Abb. 2-25 aufgeführt. In Abhängigkeit von der angewandten Ionisationstechnik unterscheiden sich die Massenspektren erheblich. Man erkennt deutlich, daß aufgrund der Instabilität des Molekülions kein Fragment bei m/e 466 im EI-Spektrum angezeigt wird. Die positive chemische Ionisation erzeugt dagegen ein stabiles protoniertes Molekülion bei m/e 467 mit einem charakteristischen, auf zwei Chloratome hinweisenden Isotopenmuster. Die höheren Fragmente rühren von Anlagerungsprodukten des als Reaktantgas verwendeten Methans her. Ähnlich wie beim PCI-Spektrum erkennt man im untersten Spektrum, das mit Hilfe der negativen chemischen Ionisation aufgenommen wurde, praktisch nur noch den Molpeak bei m/e 466 mit seinem charakteristischen Isotopenmuster. Im Gegensatz zur positiven chemischen Ionisation ergibt sich im Falle der negativen chemischen Ionisation in Verbindung mit der Massenfragmentographie eine sehr hohe Nachweisempfindlichkeit, die bei Registrierung von fünf Massen bei ca. 200 Femtogramm absolut liegt.

Aufgrund dieser extremen Nachweisempfindlichkeit, verbunden mit einer hohen Selektivität, erscheint die negative chemische Ionisation bei der GC/MS-Bestimmung geringster CAP-Spuren die Methode der Wahl.

Als innerer Standard wird meta-Chloramphenicol, das im Gegensatz zur therapeutisch genutzten Substanz die Nitrogruppe nicht in para-, sondern in meta-Stellung enthält, eingesetzt.

Die Abb. 2-26 zeigt die Analyse einer Kuhmilchprobe, bei der ein CAP-Gehalt von 0.87 µg/1 (ppb) nachgewiesen werden konnte. Aus der Abbildung läßt sich ablesen, daß die kombinierte Kapillar-GC/MS in Verbindung mit der negativen chemischen Ionisation die Möglichkeit bietet, Chloramphenicol-Rückstände in tierischen Lebensmitteln auch im Konzentrationsbereich unter 1 µg/kg (ppb) sicher und ohne Beeinflussung durch Begleitsubstanzen aus der Matrix nachzuweisen. Dabei liegt die untere Grenze des praktischen Arbeitsbereiches substratabhängig zwischen 0.001 und 0.01 µg/kg [2-29].

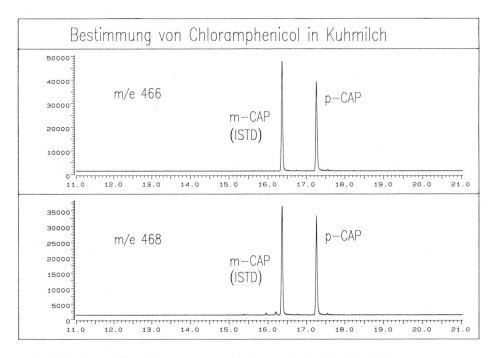

Abb. 2-26: GC/MS/NCI-Bestimmung von Chloramphenicol in Kuhmilch.

2.3.2.7 Nachweis von β-Sympathomimetika in Fleisch und Harn

Beta-Sympathomimetika werden sowohl in der Human- als auch in der Tiermedizin als hochwirksame Medikamente zur Behandlung akuter und chronischer Atemwegs-erkrankungen eingesetzt. Behandelt man Tiere mit diesen Substanzen in größeren Konzentrationen, so kommt es auch zu einer Stimulation der beta-2-Rezeptoren des Fettgewebes und im Endeffekt zu einer für die Mast erwünschten Verbesserung des Fleisch/Fett-Verhältnisses.

Die Verwendung von beta-Sympathomimetika zu Mastzwecken ist in der Bundes-republik Deutschland verboten.

Nachdem im Jahre 1988 in Nordrhein-Westfalen die verbotene Verwendung von Clenbuterol in der Kälber- und Schweinemast aufgedeckt worden war [2-31], konnte im August 1989 der weitverbreitete illegale Einsatz von Salbutamol als Masthilfsmit-tel in der Tierproduktion nachgewiesen werden [2-32]. Die Analytik erfolgte dabei jeweils durch GC/MS unter Verwendung der positiven chemischen Ionisation.

Da das Clenbuterol wie das Chloramphenicol zwei Chloratome im Molekül ent-hält, wurde auch versucht, die negative chemische Ionisation mit Methan als Reak-

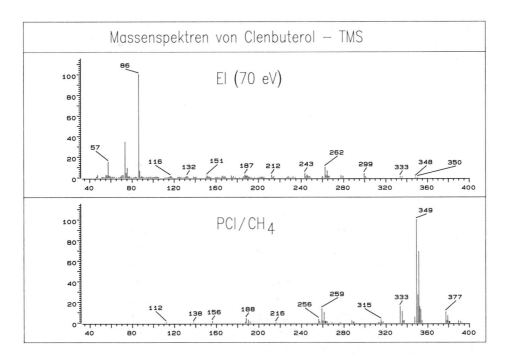

Abb. 2-27: Massenspektren von Clenbuterol-TMS-Derivat.
Oben: Elektronenstoßionisation (70 eV).
Unten: Positive chemische Ionisation (CH$_4$).

tantgas anzuwenden. Hierbei wurden allerdings wider Erwarten keine aussagekräfti-
gen Massenspektren erhalten [2-31].

Die Abb. 2-27 zeigt die Massenspektren, die von silyliertem Clenbuterol nach
Elektronenstoßionisation (EI) und positiver chemischer Ionisation (PCI) erhalten
wurden. Während das EI-Spektrum lediglich im unteren Massenbereich intensive
Fragmente liefert, erkennt man, daß im PCI-Spektrum das (M + H) $^+$-Fragment
gleichzeitig den Basepeak darstellt. Neben dem charakteristischen, auf zwei Chloratome hindeutenden Isotopenmuster, erkennt man höhere Fragmente, die von Anlagerungsprodukten mit dem Reaktantgas herrühren. Verglichen mit der Elektronenstoßionisation bietet also die positive chemische Ionisation den Vorteil der höheren
Selektivität, da bei der massenspektrometrischen Analyse mit Hilfe der SIM-Technik
die Messung bei höheren Massen durchgeführt werden kann.

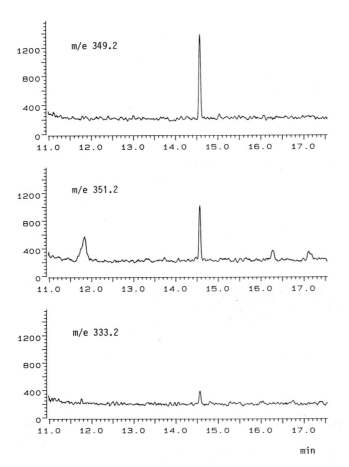

Abb. 2-28: GC/MS/PCI-Bestimmung von Clenbuterol in Schweineleber durch Massenfragmentographie über drei Fragmente.

Die Abb. 2-28 zeigt die Fragmentogramme von drei für Clenbuterol-TMS charakteristischen Massen aus der Analyse einer Schweineleber-Probe, bei der ein Clenbuterol-Gehalt von 5.2 µg/kg (ppb) bestimmt wurde. Da alle Signale zur passenden Retentionszeit erscheinen und auch das Verhältnis ihrer relativen Intensitäten mit dem der Vergleichssubstanz übereinstimmt, kann der Nachweis von Clenbuterol als gesichert angenommen werden.

In der Abb. 2-29 ist die Bestimmung von Salbutamol in Kälberharn aufgeführt. Der Salbutamol-Gehalt betrug in diesem Falle 1.2 µg/l. Während der Nachweis von Salbutamol u. a. über die Fragmente m/e 440.4 und 456.4 erfolgte, wurde der innere Standard Clenbuterol-D$_9$ über das Fragment m/e 358.2 registriert. Da Salbutamol in der Bundesrepublik Deutschland als Tierarzneimittel nicht zugelassen ist, muß bei diesem Befund von einer illegalen Anwendung ausgegangen werden.

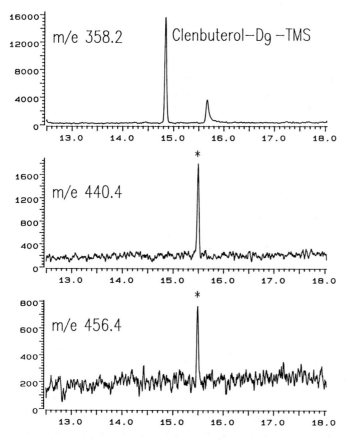

Abb. 2-29: GC/MS/PCI-Bestimmung von Salbutamol in Kälberharn.

2.3.2.8 Bestimmung von Diethylstilböstrol in Fleisch durch GC/LRMS und GC/HRMS

Eine besondere Rolle im Bereich der Analytik pharmakologischer Substanzen hat die GC/MS unter Verwendung der Massenfragmentographie in den letzten Jahren bei der Untersuchung von Lebensmitteln auf Rückstände von Anabolica, wie z. B. Diethylstilböstrol (DES), Dienöstrol, Hexöstrol und auch Ethinylöstradiol gespielt. Dabei müssen die Verbindungen vor der gaschromatographischen Analyse zunächst in flüchtige Derivate überführt werden, wobei sich insbesondere die Silylierung anbietet, da die entstehende Reaktionsprodukte nicht nur temperaturstabil sind, sondern auch — mit Ausnahme des symmetrisch aufgebauten Hexöstrols — im Bereich des Molekülionenpeaks recht intensive Fragmente aufweisen.

Die Kriterien für die Durchführung der Analysen sind im Anhang der „Entscheidung der Kommission vom 14. Juli 1987 zur Festlegung der Analysenverfahren zum Nachweis von Rückständen von Stoffen mit hormonaler Wirkung und von Stoffen mit thyreostatischer Wirkung (87/410/EWG)" festgelegt. Neben einer Reihe von Begriffsbestimmungen, Anforderungen an Genauigkeit und Wiederholbarkeit sind im Kapitel II auch Qualitätskriterien für die Auswertung der Ergebnisse enthalten. Die Kriterien für den Nachweis eines Analyten durch Gaschromatographie/niederauflösende Massenspektrometrie (GC/LRMS) schreiben u. a. vor, daß die Abweichung der Retentionszeit des Analyten bei der Gaschromatographie vom Standard maximal ± 5 Sekunden betragen darf. Für die massenspektrometrische Registrierung gilt, daß alle erfaßten Ionen von einem bei einer einzigen Retentionszeit eluierenden Analyten stammen müssen. Dabei sind für jede Substanz mindestens zwei (vorzugsweise mehr) Fragmente zu registrieren, wobei das Molekülion nach Möglichkeit miterfaßt werden sollte. Schließlich darf die Abweichung der relativen Intensitäten der Fragmente des Analyten von denen des Standards maximal ± 20% für chemische Ionisation und ± 10% für Elektronenstoßionisation betragen.

In der Abb. 2-30 sind Fragmentogramme eines Fleischextraktes aufgeführt, der 1992 im Rahmen einer Zertifizierungsstudie für das Community Bureau of Reference der EG (BCR) analysiert wurde. Die Analyse erfolgte in diesem Falle durch GC/MS mit niederauflösender Massenfragmentographie (GC/LRMS), wobei für die gaschromatographische Trennung eine DB-5 Kapillare eingesetzt wurde.

Während im obersten Chromatogramm die Registrierung der für den inneren Standard DES-D$_6$ vorgewählten Masse m/e 418.3 dargestellt ist, zeigen die beiden unteren Spuren die Fragmentogramme für die Massen 412.3 und 383.2, die für das silylierte native DES charakteristisch sind. Aus der Abbildung läßt sich erkennen, daß cis-DES eindeutig nachweisbar ist, da die Retentionszeit und auch das Verhältnis der beiden vorgewählten Fragmente mit den Werten für die Referenzsubstanz übereinstimmen. Dagegen ist das trans-DES durch mitextrahierte, bei der Aufreinigung nicht vollständig abgetrennte Störsubstanzen überlagert, so daß sein Nachweis unter Zugrundelegung der oben genannten EG-Qualitätskriterien nicht möglich ist. Die

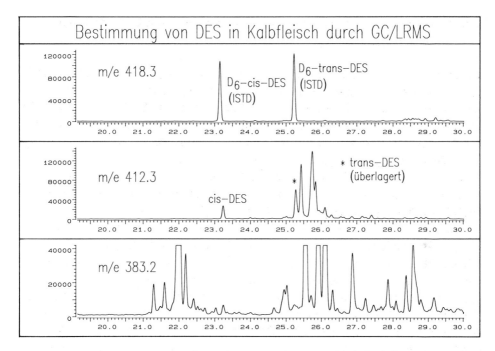

Abb. 2-30: Bestimmung von DES in Fleisch durch GC/MS mit niederauflösender Massenfragmentographie.

zweifelsfreie Bestimmung dieser Verbindung kann dagegen durch die hochauflösende Massenfragmentographie (GC/HRMS) durchgeführt werden, da die Störsubstanzen zwar ebenso wie das silylierte DES die nomiale Masse m/e 418.3 aufweisen, sich aber im Millimassenbereich genügend vom Analyten unterscheiden, so daß eine Erhöhung der Auflösung auf R = 10000 ausreicht, um zwischen diesen Substanzen differenzieren zu können. Die Abb. 2-31 zeigt dies am gleichen Fleischextrakt, der bereits mit Hilfe der niederauflösenden Massenfragmentographie analysiert wurde. Hierbei wurden bei einer Auflösung von R = 10000 für die Messung die exakten Massen 418.2630, 412.2254 und 383.1863 vorgewählt. Die Abbildung zeigt, daß praktisch keine Störsubstanzen mehr registriert werden. Zudem konnte durch die weitgehende Ausblendung des Untergrundes die Nachweisempfindlichkeit wesentlich verbessert werden. Da alle in der Entscheidung der EG-Kommission geforderten Kriterien für den Nachweis eines Analyten durch Gaschromatographie/hochauflösende Massenspektrometrie erfüllt sind, kann der Nachweis von cis- und trans-DES in dieser Probe als gesichert gelten.

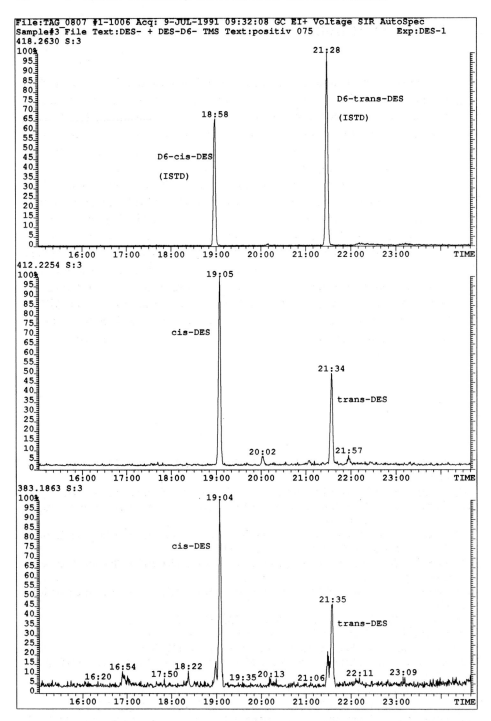

Abb. 2-31: Bestimmung von DES in Fleisch durch GC/MS mit hochauflösender Massenfragmentographie.

2.4 Zusammenfassung

Die gezeigten Beispiele demonstrieren, welche Möglichkeiten die GC/MS in Verbindung mit unterschiedlichen Ionisations- und Aufnahmetechniken gerade im Bereich der Analytik von Rückständen und Kontaminanten in Lebensmitteln bietet. Diese Analysentechnik kann nicht nur eingesetzt werden, um unbekannte Substanzen zu identifizieren, sondern eignet sich auch in besonderer Weise zur gezielten Bestimmung organischer Verbindungen im niedrigsten Spurenbereich. Dabei können auch solche Analyten erfaßt werden, die keine funktionellen Gruppen aufweisen und dadurch nicht mit Hilfe der spezifischen Detektoren ECD und NPD analysierbar sind. Das Arbeiten in diesen niedrigen Konzentrationsbereichen stellt allerdings nicht nur hohe Anforderungen an die instrumentelle Ausrüstung, sondern auch an die Kritikfähigkeit des Analytikers gegenüber seinen Ergebnissen, die häufig die Grundlage für weitreichende administrative Entscheidungen mit kostenintensiven Konsequenzen bilden. In diesem Zusammenhang wird der Implementierung von Qualitätssicherungsmaßnahmen in den analytischen Laboratorien, basierend auf den OECD-Grundsätzen der Guten Laborpraxis (GLP) und der Europäischen Normenreihe EN 45000, in den nächsten Jahren eine steigende Bedeutung zukommen.

2.5 Literatur

[2-1] Budzikiewicz, H., Massenspektrometrie, Weinheim/Bergstraße: VCH Verlagsgesellschaft, **1992.**

[2-2] Schröder, E., Massenspektrometrie, Berlin/Heidelberg: Springer-Verlag, **1991.**

[2-3] Karasek, F.W., Clement, R.E., Basic Gas Chromatography-Mass Spectrometry Amsterdam: Elsevier Publishers, **1988.**

[2-4] Rose, M.E., Johnstone R.A.W., Mass Spectrometry for Chemists and Biochemists, Cambridge: Cambridge University Press, **1982.**

[2-5] Safe, S., Hutzinger O., Mass Spectrometry of Pesticides and Pollutants, Cleveland: CRC Press, **1973.**

[2-6] Kienitz, H., Massenspektrometrie, Weinheim/Bergstraße: VCH Verlagsgesellschaft, **1968.**

[2-7] Schubert, R., *GIT Fachz. Lab.* **1985,** *29 (11), 1175–1177.*

[2-8] Küderli, F.K., Chemische Rundschau **1976,** 29, 1–5.

[2-9] Budzikiewicz, H., Mass Spectrom. Rev. **1986,** 5 (4), 345–380.

[2-10] Harrison, A.G., Chemical Ionization Mass Spectrometry, Boca Raton: CRC Press, **1984.**

[2-11] Hübschmann, H.-J., Dissertation, Techn. Universität Berlin **1985.**

[2-12] Brodbelt, J.S., Louris, J.N., Cooks, R.G., Anal. Chem. **1987,** 59, 1278–1285.

[2-13] Kwok, K., Venkataraghavan, R., McLafferty, F.W., J. Am. Chem. Soc. **1973,** 95, 4185–4194.

[2-14] Haraki, K.S., Venkataraghavan, R., McLafferty, F.W., Anal. Chem. **1981,** 53, 386.

[2-15] Fürst, P., **1988,** unveröffentlicht.

[2-16] Ryan, J.J., **1989,** persönliche Mitteilung.

[2-17] Oehme, M., Kirschmer, P., Anal. Chem. **1984,** 56, 2754–2759.

[2-18] Fürst, P., Fürst, C., Groebel, W., Z. Lebensm. Unters. Forsch. **1989,** 189, 338–345.

[2-19] de Jong, A.P., Droß, A., Fürst, P., Lindström, G., Päpke, O., Startin, J.R., Fresenius J. Anal. Chem. **1993,** 345, 72–77.

[2-20] Fürst, P., Krüger, C., Meemken, H.-A., Groebel, W., Z. Lebensm. Unters. Forsch. **1987,** 185, 294–397.

[2-21] Rönnefahrt, B., Dtsch. Lebensm. Rdsch. **1987,** 83, 214–218.

[2-22] Robertson, L.W., Safe, S., Parkinson, A., Pellizzari, E., Pochini, C., Mullin, M.D., J. Agric. Food. Chem. **1984,** 32, 1107–1111

[2-23] Krüger, C., Dissertation, Universität Münster **1988.**

[2-24] Krüger, C., Fürst, P., Groebel, W., Dtsch. Lebensm. Rdsch. **1988,** 84, 273–276.

[2-25] Parlar, H., Becker, F., Müller, R., Lach, G., Fresenius Z. Anal. Chem. **1988,** 331, 804–810.

[2-26] Saleh, M.A., J. Agric. Food. Chem. **1983,** 31, 748–751.

[2-27] Swackhamer, D.L., Charles, M.J., Hites, R., Anal. Chem. **1987,** 59, 913–917.

[2-28] Fürst, P., Fürst, C., Groebel, W., Dtsch. Lebensm. Rdsch. **1989,** 85, 273–278.

[2-29] Fürst, P., Fürst, C., Meemken, H.-A., Groebel, W., Dtsch. Lebensm. Rdsch. **1988,** 84, 108–113.

[2-30] Arnold, D., Somogyi, A., J. Assoc. Off. Anal. Chem. **1985,** 68, 984–990.

[2-31] Fürst, P., Fürst, C., Groebel, W., Dtsch. Lebensm. Rdsch. **1989,** 85, 35–39.

[2-32] Fürst, P., Fürst, C., Groebel, W., Dtsch. Lebensm. Rdsch. **1989,** 85, 341–344.

3 Bestimmung von PAK in Lebensmitteln

Karl Speer

3.1 Einleitung

In dem 1775 publizierten Artikel „The Cancer of the Scrotum" berichtete Percivall Pott [3-1] über das vermehrte Auftreten von Hodenkarzinomen bei Schornsteinfegern. Pott vermutete im Ruß der Schornsteine bestimmte Bestandteile, die er für den Ausbruch der Krankheit verantwortlich machte. Die daraufhin einsetzenden intensiven Forschungsaktivitäten führten zur Entdeckung einer neuen Stoffgruppe: den polycyclischen aromatischen Kohlenwasserstoffen (PAK). Selbst heute, über 200 Jahre später, sind die Forschungen zur Entstehung, zum Vorkommen und zur toxikologischen Bedeutung der PAK noch nicht abgeschlossen.

Polycyclische aromatische Kohlenwasserstoffe entstehen bei jeder unvollständigen Verbrennung organischen Materials. Neben natürlichen Quellen, wie z. B. den Wald- und Präriebränden, sind vor allem anthropogene Prozesse für die Bildung der PAK verantwortlich. Zu nennen sind in erster Linie die Energie- und Wärmeerzeugung, ferner industrielle Emittenten, aber auch die Emission des Kraftfahrzeugverkehrs.

Die geradkettigen, verzweigten oder cyclischen Kohlenwasserstoffe werden hauptsächlich durch Radikalreaktionen aufgebaut, bei denen das Acetylen die zentrale Rolle spielt; höher kondensierte Kohlenwasserstoffe entstehen dann durch Polymerisation und Ringschluß.

Mehr als 100 polycyclische aromatische Kohlenwasserstoffe wurden bis heute nachgewiesen; stets treten die Verbindungen im komplexen Gemisch, niemals als Einzelkomponenten auf. Die meisten von ihnen erwiesen sich im Tierversuch als cancerogen und mutagen. Dies trifft vor allem auf die bekannteste Verbindung unter den polycyclischen aromatischen Kohlenwasserstoffen, das Benzo(a)pyren, zu, das aufgrund seiner starken Toxizität, aber auch gründlichen Erforschung als Leitsubstanz der PAK gilt.

Die PAK sind aufgrund ihrer Entstehung heute fast ubiquitär verbreitet und gelangen über die Expositionspfade Luft und Boden daher auch in unsere Nahrungsmittel.

Ein Teil der in Lebensmitteln nachgewiesenen PAK ist aber auch durch die Zubereitungsart an sich bedingt. So können besonders beim Grillen, aber auch bei

der Räucherung − einer der ältesten Methoden zur Konservierung von Lebensmitteln −, bei unsachgemäßer Durchführung die Produkte in erheblichem Maße mit
Polycyclen kontaminiert werden.

Die Hauptmenge an polycyclischen aromatischen Kohlenwasserstoffen nimmt der
Mensch nicht mit gegrillter und geräucherter Nahrung auf, sondern durch den Verzehr von Getreideprodukten (Dennis et al. [3-2]). Aber auch Öle und Fette sowie Gemüse sind in starkem Maße mit PAK belastet (Abb. 3-1).

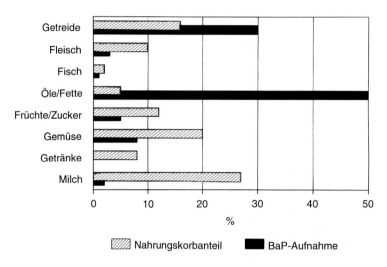

Abb. 3-1: Nahrungskorbanteil und Benzo(a)pyren-Aufnahme (nach Daten von Dennis et al.,
1983).

Der Gesetzgeber der Bundesrepublik Deutschland hat im Sinne eines vorbeugen-
den gesundheitlichen Verbraucherschutzes den Gehalt an PAK erst in wenigen Ver-
ordnungen des Lebensmittel- und Bedarfgegenständegesetzes (LMBG) begrenzt. In
der Trinkwasserverordnung ist eine Höchstmenge für sechs PAK, nämlich für Fluoranthen, Benzo(b)fluoranthen, Benzo(k)fluoranthen, Benzo(a)pyren, Benzo(ghi)pe-
rylen und Indeno(1,2,3-cd)pyren festgelegt worden; in der Fleisch- und Käseverord-
nung ist lediglich die Höchstmenge für das Benzo(a)pyren geregelt.

Die Untersuchung der PAK-Belastung von Lebensmitteln sollte sich nicht nur auf
die Bestimmung des Benzo(a)pyrens als Leitsubstanz beschränken, sondern auf eine
Reihe weiterer ausgesuchter PAK ausdehnen.

Mit der Auswahl der zu bestimmenden PAK-Komponenten kann man sich an der
Empfehlung der amerikanischen Umweltbehörde EPA (Environmental Protection
Agency) orientieren. In der Regel werden neben den sogenannten „leichten" PAK
Phenanthren, Anthracen, Fluoranthen, Pyren, Benz(a)anthracen, Chrysen und Tri-

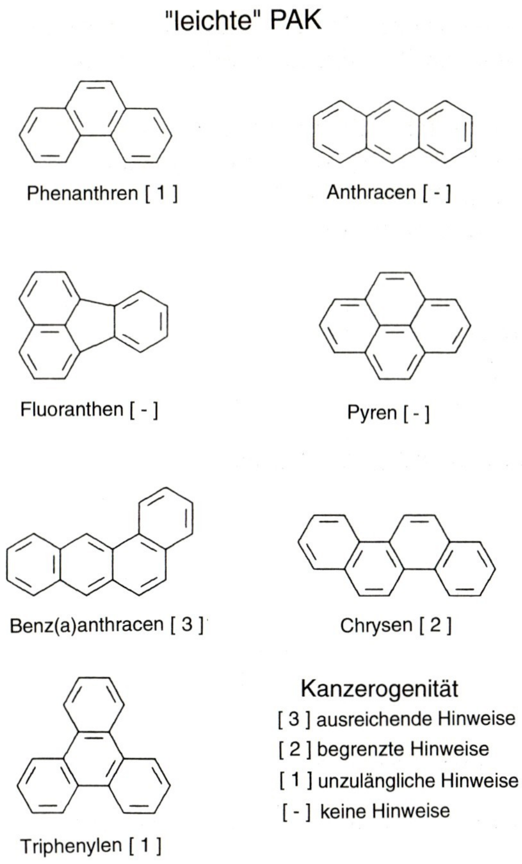

"leichte" PAK

Phenanthren [1]

Anthracen [-]

Fluoranthen [-]

Pyren [-]

Benz(a)anthracen [3]

Chrysen [2]

Triphenylen [1]

Kanzerogenität
[3] ausreichende Hinweise
[2] begrenzte Hinweise
[1] unzulängliche Hinweise
[-] keine Hinweise

Abb. 3-2: Strukturformeln „leichte" PAK.

phenylen (Abb. 3-2) die „schweren" PAK Benzo(a)fluoranthen, Benzo(b)fluoranthen, Benzo(j)fluoranthen, Benzo(k)fluoranthen, Benzo(e)pyren, Benzo(a)pyren, Perylen, Indeno(1,2,3-cd)pyren, Benzo(ghi)perylen, Dibenz(ah)anthracen und Dibenz(ac)anthracen analysiert (Abb. 3-3).

Die Einteilung in „leichte" und „schwere" PAK wurde von Wendt [3-3] vorgenommen; er faßte einerseits Verbindungen mit drei und vier Ringen und andererseits Verbindungen mit fünf und mehr Ringen zusammen. Die toxikologische Bewertung der einzelnen Verbindungen erfolgte durch die International Agency for Research on Cancer (IARC) [3-4], einer Unterorganisation der WHO mit Sitz in Lyon. Für die meisten der „leichten" Verbindungen, mit Ausnahme des Benz(a)anthracens, gibt es keine oder nur unzulängliche Hinweise auf Kanzerogenität, für die „schweren" Polycyclen hingegen, sieht man einmal vom Benzo(e)pyren, Perylen und Benzo(ghi)pery-

"schwere" PAK

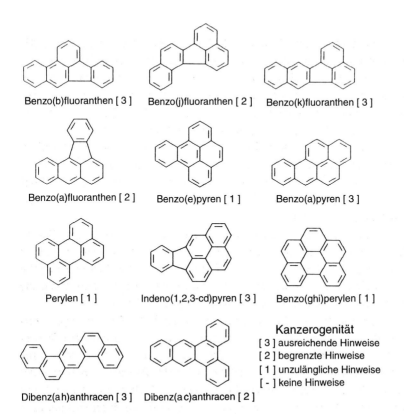

Benzo(b)fluoranthen [3]   Benzo(j)fluoranthen [2]   Benzo(k)fluoranthen [3]

Benzo(a)fluoranthen [2]   Benzo(e)pyren [1]   Benzo(a)pyren [3]

Perylen [1]   Indeno(1,2,3-cd)pyren [3]   Benzo(ghi)perylen [1]

Dibenz(a h)anthracen [3]   Dibenz(a c)anthracen [2]

Kanzerogenität
[3] ausreichende Hinweise
[2] begrenzte Hinweise
[1] unzulängliche Hinweise
[-] keine Hinweise

Abb. 3-3: Strukturformeln „schwere" PAK.

len ab, zumindest begrenzte, wenn nicht sogar ausreichende Hinweise auf Kanzerogenität. So ist die Einteilung der PAK nach Molekülgröße auch aus toxikologischer Sicht sinnvoll.

Im folgenden sind die Analysenverfahren zur Bestimmung ausgewählter PAK in den besonders belasteten Lebensmitteln Ölen und Fetten, Vegetabilien, Fischerzeugnissen und Schalentieren sowie Kaffee und Tee beschrieben und einige Untersuchungsergebnisse zusammengestellt.

3.2 PAK in Ölen und Fetten

Erstmals machten 1962 Jung und Morand [3-5, 3-6] auf das Vorkommen von PAK in pflanzlichen Ölen und Fetten aufmerksam. Bis heute folgten eine Reihe weiterer Publikationen [3-7 bis 3-22], die sich unter anderem auch mit den Kontaminationsquellen von pflanzlichen Ölen befassen. Während Fischöle oft durch den leichtfertigen Umgang mit Mineralölen verunreinigt werden, gelangen die Polycyclen in pflanzliche Öle und Fette durch die Trocknung der Ölsaaten über offenem Feuer.

Durch die Arbeiten von Biernoth und Rost [3-8] ist aber bekannt, daß der überwiegende Teil der Polycyclen durch die Raffination der Öle zu entfernen ist. Durch Desodorierung oder Dämpfung des Öls lassen sich vor allem die „leichten" PAK zum größten Teil abtrennen, zur Eliminierung der „schweren" PAK ist indes eine Aktivkohlebehandlung notwendig.

Die Auswirkung der Raffination sei beispielhaft für ein Cocosöl belegt. Betrug der Gesamtgehalt an PAK des rohen Cocosöls ca. 2000 µg/kg, so wurden in dem bei 180 °C gedämpften und mit Aktivkohle behandelten Öl nur noch knapp 10 µg/kg nachgewiesen (Sagredos et al. [3-19]). Die Polycyclen lassen sich folglich durch die Prozesse der Fettraffination bis auf geringe Restmengen entfernen.

Im Rahmen der „Natur-" und „Biowelle" erfreuen sich in letzter Zeit in vermehrtem Maße native, also naturbelassene, und daher nicht raffinierte pflanzliche Speisefette und -öle beim Verbraucher besonderer Beliebtheit. Nach den Leitsätzen für Speiseöle und -fette des Deutschen Lebensmittelbuches [3-23] dürfen diese nativen Speiseöle nur gewaschen, getrocknet und filtriert, nicht jedoch entsäuert, gebleicht oder desodoriert werden. Lediglich die Dämpfung — eine Wasserdampfbehandlung zur Desaktivierung fettspaltender Enzyme — ist seit 1952 durch ein Rundschreiben des Bundesinnenministers [3-24] für die meisten nativen Öle genehmigt.

Bei diesen nicht raffinierten Ölen ist es somit sinnvoll, auf eine Belastung mit PAK, vor allem auf die schweren PAK, zu prüfen.

3.2.1 Analytik der Öle und Fette

Zur *Abtrennung der PAK* von Fetten und Fettbegleitstoffen werden unterschiedliche Verfahren eingesetzt.

Potthast und Eigner [3-25] entwickelten ein Verfahren, bei dem das Probenmaterial zunächst mit der gleichen Menge Chloroform versetzt wird. Nach Zugabe von Natriumsulfat und Celite wird das Gemisch gründlich vermengt und nach Entfernung des Chloroforms in eine Chromatographiesäule überführt. Die Polycyclen werden dann mit Propylencarbonat eluiert; die Lipide verbleiben dabei auf der Säule, da sie in diesem Lösungsmittel nicht löslich sind.

Andere Autoren [3-11, 3-12, 3-13, 3-26, 3-27] wenden ein Verfahren an, das auf dem bereits 1938 von Brock publizierten und später von Weil-Malherbe ausführlich untersuchten Phänomen beruht, daß die Wasserlöslichkeit der PAK durch Zugabe von Coffein-Ameisensäure verbessert wird. Stijve und Diserens [3-18] beschreiben eine Methode, bei der die Hauptmenge des Öles an Calfo E gebunden wird.

Zur *Isolierung* der PAK aus pflanzlichen Ölen ist nach Grimmer und Böhnke [3-10] eine Verseifung des Probenmaterials nicht erforderlich. Die Entfernung der Lipide gelingt durch Flüssig-Flüssig-Extraktion des in Cyclohexan gelösten Öls mit einem Gemisch aus Dimethylformamid und Wasser (9:1). Durch diesen Arbeitsschritt wird die ursprünglich eingesetzte Fettmenge im Extrakt auf ca. 0,2% reduziert.

Zur *Reinigung* der durch Flüssig-Flüssig-Verteilung gewonnenen Extrakte verwendet man im allgemeinen säulenchromatographische Verfahren. Dennis und Mitarbeiter [3-2] sowie Gertz [3-26, 3-27] führen die Reinigung mit SEP-PAK-Kartuschen durch, Welling und Kaandorp [3-16] durch Chromatographie an XAD-2.

Eingesetzt wird auch aktiviertes Aluminiumoxid [3-52], aber besonders hat sich der von Grimmer und Böhnke beschriebene Einsatz von Kieselgel mit definiertem Wassergehalt bewährt.

Wird für die quantitative Analyse der Polycyclen die HPLC mit Fluoreszenzdetektion eingesetzt, so sind die hier beschriebenen Reinigungsschritte vielfach ausreichend.

Für die kapillargaschromatographische Bestimmung mit einem Flammenionisationsdetektor (FID), selbst bei Einsatz der Massenspektroskopie in der Multiple-Ion-Selection-(MIS)-Technik, ist sehr häufig ein weiteres Clean-up der Probenlösung notwendig. So reinigen Kolarovic und Traitler [3-13] ihre Extrakte vor der Bestimmung mit der Kapillar-GC (FID) an HPTLC-Platten.

Grimmer und Böhnke schlagen eine säulenchromatographische Reinigung an Sephadex LH-20 vor; der besondere Vorteil dieses Verfahrens liegt darin, daß die zu isolierenden Retentionsvolumina unabhängig vom Wassergehalt des verwendeten Elutionsmittels sind.

Die *Bestimmung der PAK* kann heute durch die Entwicklung geeigneter stationärer Phasen vielfach hochdruckflüssigkeitschromatographisch mit Fluoreszenzdetektion vorgenommen werden. Für Trinkwasser- und Luftstaubanalysen sowie für die Untersuchung von Kraftfahrzeugabgasen ist die HPLC gut einsetzbar; für die Bestimmung von PAK in Lebensmitteln, somit in komplexen Matrices, ist allerdings der Einsatz der Kapillargaschromatographie-Massenspektroskopie zu empfehlen. Diese Meßmethode ermöglicht die selektive und durch Nutzung der MIS-Technik auch die empfindliche Bestimmung der ausgewählten PAK.

Das im folgenden prinzipiell vorgestellte *Analysenverfahren* zur Bestimmung der PAK in pflanzlichen Ölen und Fetten baut auf der von Grimmer und Böhnke [3-10] entwickelten Methode auf (Abb. 3-4).

Das homogene Probenmaterial wird nach Zugabe der internen Standards, den deuterierten Verbindungen Phenanthren-d_{10}, Benzo(e)pyren-d_{12} sowie Perylen-d_{12},

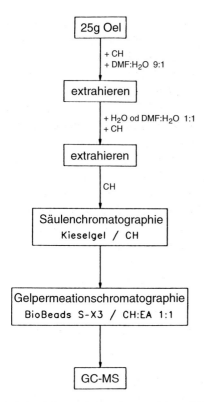

Abb. 3-4: Analysenschema „Öle und Fette". CH = Cyclohexan, EA = Ethylacetat, DMF = Dimethylformamid.

direkt in Cyclohexan gelöst und im System Dimethylformamid-Cyclohexan-Wasser mehrfach einer Flüssig-Flüssig-Extraktion unterzogen. Dadurch kann die Hauptmenge des Öles zu ca. 99,8 % entfernt werden.

Der Probenextrakt wird anschließend zur Abtrennung von Chlorophyll und anderen polaren Substanzen an einer aktivierten Kieselgelsäule gereinigt. Die weitere Aufreinigung erfolgt dann, abweichend von Grimmer und Böhnke, automatisiert mit dem „Autoprep" an Bio-Beads S-X3. Über eine derartige Anlage verfügen die meisten mit der Rückstandsanalytik von Pestiziden befaßten Institute; das Elutionsmittel − Cyclohexan/Essigester (1:1), Fluß 5 ml/min − kann beibehalten werden, so daß lediglich die Waste- und die Collectphase dem neuen Analysenziel angepaßt werden müssen. Das konzentrierte Eluat wird dann zur quantitativen Bestimmung der einzelnen PAK eingesetzt. Das Kapillargaschromatogramm eines Olivenölextraktes nach Clean-up zeigt Abb. 3-5.

Schon dieses komplexe Chromatogramm macht deutlich, daß eine Bestimmung der PAK mit der Flammenionisationsdetektion sehr schwierig und nicht ohne Fehler

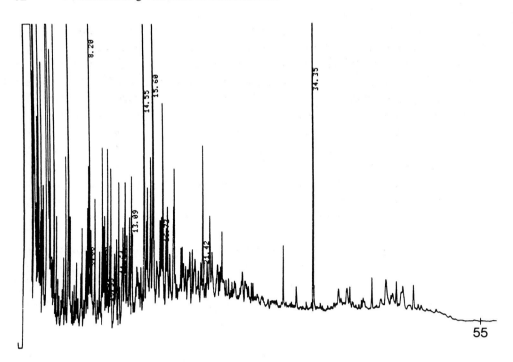

Abb. 3-5: Kapillargaschromatogramm eines Olivenölextraktes (Detektor: FID).

sein dürfte. Wesentlich selektiver und empfindlicher ist die Massenspektroskopie mit der Multiple-Ion-Detection-Technik. Hierbei werden keine Vollspektren aufgenommen, für die in der Regel 1 bis 10 ng einer Substanz zur Verfügung stehen müssen, sondern lediglich die für die Verbindung typischen Massenfragmentionen. Der Nachweis einer Komponente gilt als gesichert, wenn die Retentionszeiten und das Verhältnis der Intensitäten der charakteristischen Massenfragmentionen von Probe und Standard übereinstimmen. So können bei einer Einwaage von 25 g Öl und einem Endvolumen von 50–100 μl noch Gehalte unter 0,2 μg/kg Substrat bestimmt werden.

Die für die einzelnen Polycyclen auszuwählenden Massenfragmentionen sind der Arbeit von Tuominen und Mitarbeitern [3-28] entnommen und im Abschnitt „Vorschriften" zusammengestellt.

Gleichzeitig erlaubt die GC/MS-Bestimmung die Verwendung deuterierter Standardsubstanzen; diese Verbindungen sind ideale Standards, da sie einerseits in der Natur nicht vorkommen, sich andererseits aber während der Aufarbeitung genauso wie die Analyten verhalten. Dadurch können die durch die Aufarbeitung bedingten Verluste berücksichtigt werden.

Wie Untersuchungen ergaben, ist es nicht notwendig, für jede zu bestimmende Komponente die entsprechende deuterierte Verbindung zu Beginn der Aufarbeitung der Probe zuzusetzen. Vielmehr ist hier die Zugabe von drei Substanzen ausreichend, um alle aufgeführten Verbindungen (siehe Abb. 3-2 und 3-3) quantitativ zu bestimmen. Grund hierfür ist, daß bei der Elektronenstoßionisation (EI) die Ansprechempfindlichkeit für alle Substanzen nahezu gleich groß ist. So lassen sich anhand von Phenanthren-d_{10} die Phenanthren- und Anthracenkonzentrationen in der Probe bestimmen, alle anderen Komponenten sind entweder über den Gehalt an Benzo(e)pyren-d_{12} oder über den Gehalt an Perylen-d_{12} auszuwerten. Obwohl die nativen Verbindungen gaschromatographisch fast zusammen mit den deuterierten Substanzen von der Säule eluieren (Abb. 3-6), ist über die unterschiedlichen Massenfragmentionen eine sichere Quantifizierung möglich. So werden z. B. die Benzofluoranthene, die Benzpyrene und das Perylen über den Massenfragmentionenbereich m/z 251 bis m/z 253 bestimmt; das deuterierte Benzo(e)pyren-d_{12} und Perylen-d_{12} werden hingegen über den Massenfragmentionenbereich m/z 263 bis m/z 265 ausgewertet.

Die Nachweisgrenze für die einzelnen, in den Abb. 3-2 und 3-3 aufgeführten Polycyclen liegt bei dem Sektorfeld-Massenspektrometer MAT 112 im Routinebetrieb um 50 pg absolut. In gleicher Größenordnung können die Polycyclen auch mit dem ITS 40 Massenspektrometer bestimmt werden. Um zu richtigen und reproduzierba-

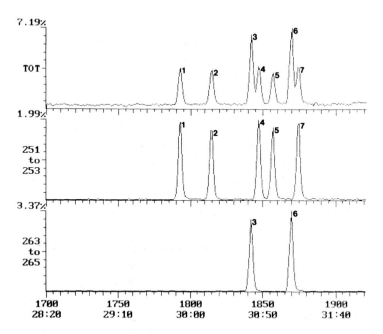

Abb. 3-6: Massenfragmentogramme: TOT Totalionenstrom, Ionenbereich 251–253, Ionenbereich 263–265. (1) Benzo(b)fluoranthen, (2) Benzo(a)fluoranthen, (3) Benzo(e)pyren-d_{12}, (4) Benzo(e)pyren, (5) Benzo(a)pyren, (6) Perylen-d_{12}, (7) Perylen.

ren Ergebnissen zu kommen, werden beim Sektorfeldsystem die Intensitäten einzelner Massenfragmentionen ausgewertet, während es für das ITS 40 hingegen empfeh-
lenswert ist, einen ganzen Massenbereich für die Quantifizierung heranzuziehen
(siehe Vorschriften).

Einige Polycyclen bereiten auch bei der GC/MS-Bestimmung Probleme. Chrysen
und Triphenylen sowie die drei Benzofluoranthene b, j, k, können auf der eingesetzten DB-5-Säule nicht getrennt werden, so daß hier jeweils nur ein Summenwert angegeben werden kann; gleiches gilt auch für die Substanzen Dibenz(ah)anthracen und
Dibenz(ac)anthracen.

Für die drei Benzofluoranthene wird zwar von Fernandez und Bayona [3-29] auf
einer besonders beschichteten Fused-Silica-Kapillare eine Grundlinientrennung erreicht, die verwendete stationäre Phase ist aber nicht temperaturstabil und daher für
Routineuntersuchungen wenig geeignet.

3.2.2 Injektionssysteme

Für die Analytik der PAK hat sich ein On-column-Injektor als günstig erwiesen. Einsetzbar sind auch Systeme, bei denen der Injektionspunkt zunächst oberhalb des
Ofens liegt und dieser erst später durch Herunterdrücken einer teleskopartigen Vorrichtung in das Innere des Ofens verbracht wird. Trotz höherer Anfangstemperaturen
— diese können durchaus zwischen 90 und 110 °C liegen — werden gute Auftrennun-
gen der einzelnen Komponenten in kürzeren Analysenzeiten erreicht.

Nach dem Clean-up können die Meßlösungen teilweise noch Lipidbestandteile
enthalten, die aufgrund ihrer Schwerflüchtigkeit am Anfang der analytischen Trennsäule kondensieren. Dies führt dazu, daß die Signale der „schweren" PAK sehr breit
und klein werden und somit geringe Gehalte nur schlecht erfaßbar sind. Durch Entfernen der ersten 30 bis 50 cm der analytischen Trennsäule kann die ursprüngliche
Trennleistung wieder erreicht werden.

Um die analytische Trennsäule nicht ständig verkürzen zu müssen, empfiehlt sich
der Einbau einer mit 1,3-Diphenyl-1,1,3,3-tetramethyldisilazan desaktivierten Vorsäule. Die Länge sollte mindestens einen Meter betragen, kann aber durchaus 2,5 bis
3 Meter sein. Durch verfügbare Press-Fit-Verbindungen sind Vorsäule und analytische Säule nahezu totvolumenfrei zu koppeln.

Auch ein PTV-Injektor ist für die Analytik der Polycyclen geeignet. Die vielfach
im Glasliner vorhandene Glaswolle ist allerdings zu entfernen.

3.2.3 Ergebnisse

Untersucht wurden zahlreiche native Sonnenblumenöle, Maiskeimöle, Saflatröle und
Olivenöle [3-20]. Die jeweilige Probenzahl ist in Abb. 3-7 über dem entsprechenden

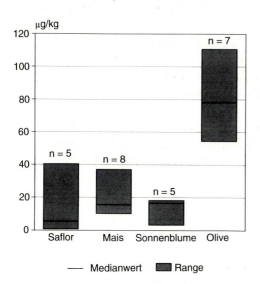

Abb. 3-7: Ergebnisse "Gesamt-PAK".

Balken aufgeführt. Angegeben sind ferner der kleinste und der größte Wert sowie der Medianwert.

Die Beurteilung der Untersuchungsergebnisse von pflanzlichen Ölen und Fetten ist in Ermangelung einer gesetzlichen Regelung nicht einfach. Bis heute gibt es weder einen verbindlichen Höchstwert für die Summe bestimmter PAK noch einen Höchstwert für die Menge an Benzo(a)pyren. Für raffinierte Öle werden daher von Wendt pragmatische Grenzwerte vorgeschlagen. So sollte die Summe ausgewählter PAK 25 µg/kg nicht überschreiten und der Gehalt an „schweren" PAK unter 5 µg/kg liegen. Diese Grenzwerte wurden hier auch für die Bewertung der nativen Öle herangezogen.

Die nativen Sonnenblumenöle und Maiskeimöle entsprachen den Forderungen Wendts. Höhere PAK-Gehalte wiesen dagegen ein Safloröl, die Weizenkeimöle und auch die Olivenöle auf. Bemerkenswert bei den Olivenölen sind die im Verhältnis zum Gesamtgehalt geringen Mengen an „schweren" PAK; so lagen die Benzo(a)pyrengehalte nur zwischen 0,2–1,2 µg/kg. Im Gegensatz zu den anderen höher belasteten Ölen lieferten hier bei den Olivenölen die „leichten" PAK einen überproportionalen Beitrag zur Gesamtmenge (Abb. 3-8).

In Abb. 3-9 sind einige Massenfragmentogramme von einem Olivenöl und einem Safloröl aufgeführt. Deutlich wird hier, daß die Relationen – „leichte" PAK,

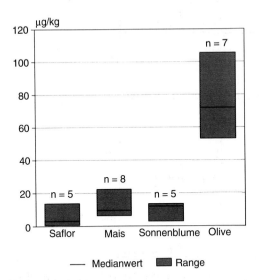

Abb. 3-8: Ergebnisse „leichte" PAK.

„schwere" PAK − in beiden Ölen stark voneinander abweichen. Hierfür liegt folgende Erklärung nahe: Das vorliegende Safloröl ist, den Leitsätzen für native Öle entsprechend, einer Dämpfung unterzogen worden, durch die die Hauptmenge der „leichten" Polycyclen aus dem Öl entfernt wird [3-8, 3-22].

Das native Olivenöl hingegen darf aufgrund des Internationalen Olivenölübereinkommens nicht gedämpft werden und hat somit noch die typischen hohen Gehalte an „leichten" PAK.

Am vorliegenden Beispiel wird deutlich, wie wichtig es ist, nicht nur das Benzo(a)pyren als Leitsubstanz zu bestimmen, sondern eine PAK-Profilanalyse vorzunehmen, zumal nach dem vorgestellten Analysenverfahren kein zusätzlicher analytischer Aufwand erforderlich ist.

Aufgrund der Untersuchungsergebnisse aus dem Jahre 1988 wurden 1992 wieder verschiedene native pflanzliche Öle und auch einige Lebertranproben untersucht. Die Ergebnisse sind in Tab. 3-1 aufgeführt. Die untersuchten Sesam- und Sonnenblumenöle sowie das Walnußöl genügen den Forderungen, das heißt, die Summe an Gesamt-PAK liegt unter 25 µg/kg und die Summe an „schweren" PAK unter 5 µg/kg.

Die PAK-Gehalte der Olivenöle sind gegenüber 1988 deutlich reduziert; mit 26 und 37 µg/kg wird der pragmatische Grenzwert von 25 µg/kg nur leicht überschritten. Da hier aber die „leichten" PAK − und somit Verbindungen, die für eine toxi-

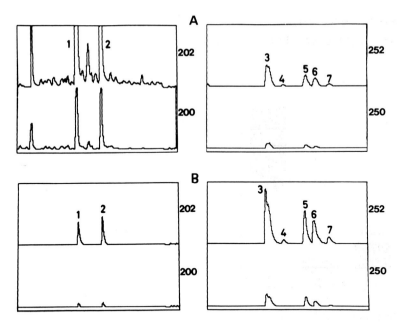

Abb. 3-9: Massenfragmentogramme von (A) Olivenöl und (B) Safloröl. (1) Fluoranthen, (2) Pyren, (3) Benzo(b,j,k)fluoranthene, (4) Benzo(a)fluoranthen, (5) Benzo(e)pyren, (6) Benzo(a)pyren, (7) Perylen.

kologische Beurteilung des Öls weniger entscheidend sind – stark in den Summenwert eingehen, ist das durch den Verzehr des Olivenöls gegebene Gefährdungspotential als niedrig einzuschätzen.

Bei zwei der drei untersuchten Weizenkeimöle liegt die Gesamtmenge an PAK mit 28 und 32 µg/kg geringfügig über dem Grenzwert von 25 µg/kg. Während diese Überschreitung beim Weizenkeimöl 2 vor allem durch den Gehalt an „leichten" PAK bedingt ist, enthält das Weizenkeimöl 1 einen deutlich höheren Gehalt an den „schweren" PAK. Mit 10 µg/kg für die Summe „schwerer" PAK und 1,4 µg/kg für das Benzo(a)pyren wird in diesem Öl der jeweils höchste Wert der Untersuchungsreihe ermittelt.

Niedrige PAK-Belastungen ergeben sich für die drei Lebertranproben. Die Summe „schwerer" PAK liegt im Bereich der PAK-Belastung pflanzlicher Öle, während die Gehalte an „leichten" PAK deutlich niedriger ausfallen. Dies läßt den Schluß zu, daß die Lebertranproben behandelt wurden.

Tab. 3-1: PAK in nativen pflanzlichen Ölen und Lebertran.

Probe	Lebertran 1	Lebertran 2	Lebertran 3	Weizen keimöl 1	Weizen keimöl 2	Weizen keimöl 3	Walnußöl 1
Phenanthren	2,9	4,4	1,6	9,6	17,5	5,3	12,9
Anthracen	0,2	0,6	0,1	0,6	1,2	0,3	0,9
Fluoranthen	2,1	2,0	1,1	1,8	5,0	3,1	3,4
Pyren	1,7	1,7	0,9	1,7	3,1	3,0	3,3
Benz(a)anthracen	0,5	0,5	0,3	0,4	0,7	0,6	0,5
Chrysen/Triphenylen	1,0	1,2	0,7	3,9	1,3	1,4	1,2
Summe leichte PAK	8,4	10,4	4,7	18,0	28,8	13,7	22,2
Benzo(b,j,k)fluoranthene	1,2	1,0	1,0	3,9	1,3	1,1	0,8
Benzo(a)fluoranthen	<0,1	0,2	0,1	0,3	0,1	0,1	<0,1
Benzo(e)pyren	0,4	0,4	0,3	2,7	0,5	0,5	0,4
Benzo(a)pyren	0,3	0,3	0,3	1,4	0,4	0,4	0,3
Perylen	0,1	0,1	0,1	0,4	0,1	0,1	<0,1
Indeno(1,2,3-cd)pyren	0,4	0,3	0,3	0,6	0,4	0,3	0,2
Dibenz(ah,ac)anthracene	0,2	<0,1	0,1	0,3	0,1	0,1	<0,1
Benzo(ghi)perylen	0,6	0,5	0,4	0,7	0,5	0,5	0,3
Summe schwere PAK	3,2	2,8	2,6	10,3	3,4	3,1	2,0
Summe PAK	11,6	13,2	7,3	28,3	32,2	16,8	24,2

Probe	Sonnenbl.-Öl 1	Sonnenbl.-Öl 2	Sesamöl 1	Sesamöl 2	Olivenöl 1	Olivenöl 2
Phenanthren	5,3	5,3	14,7	9,8	11,5	14,4
Anthracen	0,4	0,5	0,5	0,4	0,5	0,6
Fluoranthen	3,4	2,0	2,9	1,9	4,6	6,6
Pyren	3,1	2,1	2,2	1,4	4,8	8,6
Benz(a)anthracen	0,6	0,2	0,4	0,1	0,4	0,5
Chrysen/Triphenylen	1,1	0,5	1,4	0,5	2,0	2,8
Summe leichte PAK	13,9	10,6	22,1	14,1	23,8	33,5
Benzo(b,j,k)fluoranthene	0,9	0,4	0,8	0,3	0,8	1,2
Benzo(a)fluoranthen	<0,1	<0,1	<0,1	<0,1	<0,1	0,1
Benzo(e)pyren	0,4	0,2	0,4	0,1	0,4	0,7
Benzo(a)pyren	0,3	0,2	0,2	<0,1	0,3	0,3
Perylen	0,1	0,1	<0,1	<0,1	<0,1	<0,1
Ideno(1,2,3-cd)pyren	0,3	0,1	0,3	0,1	0,3	0,4
Dibenz(ah,ac)anthracene	0,2	<0,1	0,1	<0,1	<0,1	0,2
Benzo(ghi)perylen	0,4	0,2	0,4	0,1	0,6	0,7
Summe schwere PAK	2,6	1,2	2,2	0,6	2,4	3,6
Summe PAK	16,5	11,8	24,3	14,7	26,2	37,1

3.3 PAK in Gemüse

Vegetabilien sind vielfach durch die Expositionspfade Luft und Boden mit Polycyclen belastet [3-30 bis 3-43]. Nach den vorliegenden Untersuchungen von Fritz [3-30 bis 3-32] und Dennis et al. [3-2] nimmt der Mensch überproportional viel Benzo(a)pyren durch den Verzehr von Gemüse auf, vor allem dann, wenn die Vegetabilien in unmittelbarer Nachbarschaft zu einem Emittenten angebaut wurden.

Von Linne und Martens [3-35] wurden Champignons und Karotten auf unterschiedlich mit Polycyclen belasteten Böden angebaut und nach der Ernte auf PAK analysiert. Es stellte sich heraus, daß die Pilze auch bei sehr hohen Polycyclengehalten des Bodens (z. B. Benzo(a)pyren > 1000 ppb) keine nachweisbaren Mengen der Aromaten im Fruchtkörper enthielten. Bei den Möhrenversuchen wurde hingegen eine Abhängigkeit der PAK-Gehalte sowohl in den Wurzeln als auch im Kraut von den Polycyclengehalten des Bodens festgestellt; so führte der Anbau von Möhren in Müllkompost-haltiger Erde, die einen 20 bis 40 fach höheren PAK-Gehalt gegenüber unbelasteten Böden aufwies, zu einer Erhöhung der Polycyclengehalte in den Möhren um eben diesen Faktor.

Larsson [3-37] bestimmte den Gehalt ausgewählter Polycyclen in Salatpflanzen, die an einer vielbefahrenen Straße angebaut worden waren. Er konnte zeigen, daß sich die Höhe des Verkehrsaufkommens auf die Polycyclenbelastung des angebauten Salates bis zu einem Straßenabstand von 25 Meter auswirkt.

3.3.1 Analytik

Bei Vegetabilien liegt, im Gegensatz zu den Fetten und Ölen, keine homogene Probenmatrix vor (Abb. 3-10). Die Polycyclen sind darüber hinaus überwiegend an Partikel gebunden, so daß eine Verseifung des Probenmaterials erforderlich ist.

Die nach der Verseifung vorliegende Lösung wird mit Cyclohexan extrahiert und der Extrakt konzentriert. Zur Bestimmung der PAK in Gemüse kann auf die aufwendige, für die Untersuchung der pflanzlichen Öle und Fette aber notwendige Reinigung mit Dimethylformamid/Wasser verzichtet werden. Über ähnliche Erfahrungen berichten auch Maier und Aubort [3-42].

Dennoch sind vor der GC/MS-Messung einige Reinigungsschritte notwendig. Je nach Gemüse ist dafür entweder die Gelpermeationschromatographie (GPC) an Bio Beads S-X3 oder eine Hochdruckflüssigkeitschromatographie an Kieselgel durchzuführen.

Die schnellere und einfachere Reinigung mit der GPC ist für die Extrakte der Substrate Eisbergsalat, Kopfsalat, Kohlrabi, Weißkohl, Spinat und Blumenkohl ausreichend.

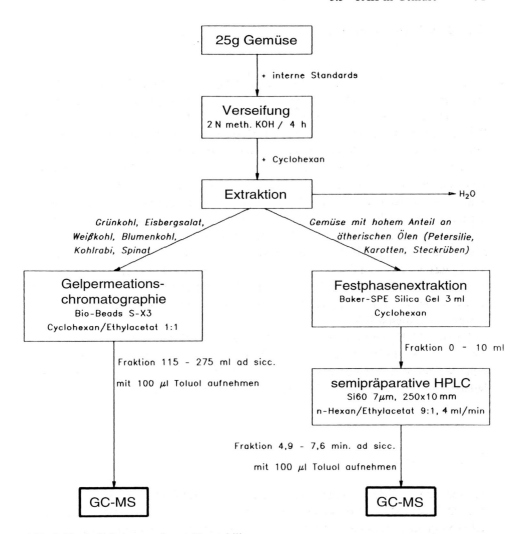

Abb. 3-10: Aufarbeitungsschema Vegetabilien.

Enthält das zu untersuchende Probenmaterial dagegen große Mengen an Carotinoiden, Chlorophyllen oder ätherischen Ölen, wie es z. B. bei Karotten und Petersilie der Fall ist, dann ist die Reinigung der Probenextrakte mit der HPLC vorzuziehen. Zuvor sind die Cyclohexanextrakte aber noch durch eine Säulen-Chromatographie an Kieselgel zu reinigen. Für Gemüseproben können hierfür auch 3-ml-Kieselgel-Einmaltrennsäulen verwendet werden, wodurch sich der Analysenaufwand erheblich reduzieren läßt.

In Abb. 3-11 sind die Chromatogramme einer Karottenprobe nach unterschiedlicher Aufarbeitung gegenübergestellt. Es wird deutlich, daß zur Abtrennung etheri-

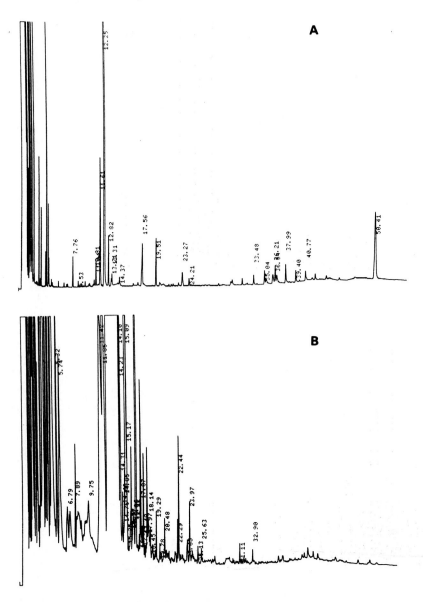

Abb. 3-11: Karottenprobe nach (A) HPLC-Clean-up, (B) GPC-Clean-up.

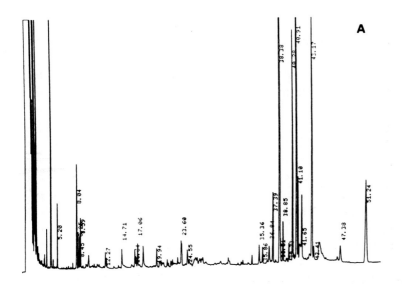

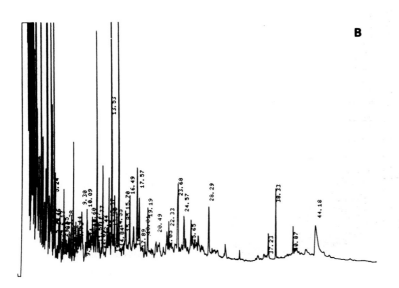

Abb. 3-12: Grünkohlprobe nach (A) HPLC-Clean-up, (B) GPC-Clean-up.

scher Öle die HPLC an Kieselgel (Chromatogramm A) gegenüber der Gelpermeationschromatographie an Bio Beads S-X3 (Chromatogramm B) deutliche Vorteile
bietet.

Für Grünkohl- und auch für Apfelproben mit ihren wachshaltigen Cuticular-
schichten sollte andererseits in jedem Fall die Reinigung der Probenextrakte mit GPC
an Bio Beads S-X3 erfolgen.

In Abb. 3-12 sind im vorderen Bereich des FID-Chromatogrammes B einer Grünkohlprobe zwar eine Reihe an Signalen erkennbar, Auswirkungen auf die mit der
MIS-Technik vermessenen PAK konnten jedoch nicht beobachtet werden. Das Chromatogramm A der gleichen Grünkohlprobe weist nach Reinigung mit der HPLC im
vorderen Teil zwar weniger Signale auf, andererseits finden sich im Elutionsbereich
der Benzofluoranthene, der Benzpyrene und des Perylens mehrere Störpeaks. Dadurch wird vor allem die Bestimmung des Perylens − trotz Einsatzes der MIS-Technik − erheblich beeinträchtigt, so daß das quantitative Ergebnis oft nicht richtig
ermittelt werden kann. Für Grünkohlproben sollte daher stets eine Extraktreinigung
mit Gelpermeationschromatographie an Bio Beads S-X3 durchgeführt werden.

3.3.2 Ergebnisse

Mit den vorgestellten Methoden wurden verschiedene Gemüsesorten auf ihren PAK-
Gehalt [3-43] analysiert. Die Ergebnisse dieser Untersuchungen sind auszugsweise in
Tab. 3-2 wiedergegeben.

In den Blättern und Blattspreiten von Kohlrabi wurden nur unbedeutende Mengen an Polycyclen ermittelt; in den Knollen konnten PAK nicht nachgewiesen werden. Daraus folgt, daß kein direkter Übergang von Polycyclen über die Wurzel in die
Knolle stattfindet. Für Blumenkohl (Röschen), Eisbergsalat (innere Blätter), Steckrü-
ben und Weißkohl ergaben sich ebenfalls keine Anhaltspunkte für eine Aufnahme
der Polycyclen über die Wurzeln in die zum Verzehr bestimmten Teile.

Wie beim Kohlrabi waren auch beim Weißkohl lediglich die Außenblätter leicht
kontaminiert. Petersilie und Grünkohl waren dagegen deutlich stärker belastet. In
Karotten- und Petersilienwurzeln wurden PAK ermittelt, die offensichtlich über das
Erdreich in die äußeren Pflanzenbereiche gelangen. Durch Abschaben der Wurzel-
oberflächen lassen sich die Polycyclen allerdings entfernen. Bei Grünkohl, Salat und
Spinat kann der Gehalt an Polycyclen durch Waschen nur minimal reduziert werden,
so daß sich Luft- und Bodenbelastungen auf diese Vegetabilien direkt auswirken.

In Abb. 3-13 sind die PAK-Profile einer Probe „Karotte, Blätter" (Expositionspfad Luft) einer Probe „Karotte, Wurzel" (Expositionspfad Boden) gegenübergestellt.

Während die Profile der „schweren" PAK-Komponenten für Blatt und Wurzel
vergleichbar sind, werden für die „leichten" PAK-Komponenten Fluoranthen und
Pyren im Kraut deutlich höhere Werte als in den Wurzeln ermittelt.

Tab. 3-2: PAK in Vegetabilien.

| | Petersilie | | | |
| | Blätter | | Wurzel | |
	ungewaschen	gewaschen	gewaschen	geschabt
Phenanthren	29,9	21,3	4,0	0,8
Anthracen	1,2	0,4	0,3	<0,1
Fluoranthen	7,7	3,3	4,0	0,3
Pyren	5,1	1,7	3,6	0,1
Benz(a)anthracen	2,1	0,3	1,6	<0,1
Chrysen/Triphenylen	3,6	0,9	2,9	<0,1
Summe leichte PAK	49,6	27,9	16,4	1,2
Benzo(b,j,k)fluoranthene	5,6	1,1	4,0	<0,1
Benzo(a)fluoranthen	0,5	0,1	0,4	<0,1
Benzo(e)pyren	3,0	0,5	2,6	<0,1
Benzo(a)pyren	2,0	0,2	1,4	<0,1
Perylen	0,6	0,1	0,4	<0,1
Indeno(1,2,3-cd)pyren	1,7	0,2	1,4	<0,1
Dibenz(ah,ac)anthracene	0,3	<0,1	0,2	<0,1
Benzo(ghi)perylen	2,1	0,3	1,8	<0,1
Summe schwere PAK	15,8	2,5	12,2	
Summe PAK	65,4	30,4	28,6	1,2

| | | Karotten | | |
	Kraut	obere Hälfte	untere Hälfte	Wurzelhaare
Phenanthren	41,3	<0,1	<0,1	3,3
Anthracen	0,7	<0,1	<0,1	0,1
Fluoranthen	13,7	<0,1	<0,1	1,8
Pyren	3,7	<0,1	<0,1	1,6
Benz(a)anthracen	0,4	<0,1	<0,1	0,5
Chrysen/Triphenylen	1,9	<0,1	<0,1	1,2
Summe leichte PAK	61,7			8,5
Benzo(b,j,k)fluoranthene	0,9	<0,1	<0,1	1,3
Benzo(a)fluoranthen	<0,1	<0,1	<0,1	<0,1
Benzo(e)pyren	0,4	<0,1	<0,1	0,9
Benzo(a)pyren	0,2	<0,1	<0,1	0,5
Perylen	<0,1	<0,1	<0,1	<0,1
Indeno(1,2,3-cd)pyren	0,2	<0,1	<0,1	0,4
Dibenz(ah,ac)anthracene	<0,1	<0,1	<0,1	<0,1
Benzo(ghi)perylen	0,2	<0,1	<0,1	0,5
Summe schwere PAK	1,9			3,6
Summe PAK	63,6			12,1

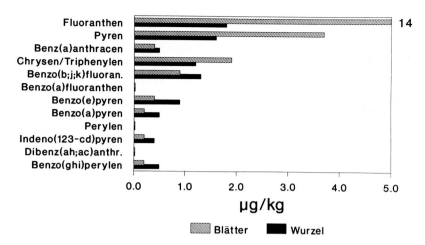

Abb. 3-13: PAK in Karotten: Blätter und ungeschälte Wurzeln.

3.4 PAK in Fischerzeugnissen und Schalentieren

Lebensmittel, die in älteren Anlagen geräuchert wurden, sind oftmals mit PAK kontaminiert [3-44 bis 3-51]. Probleme gibt es vor allem, wenn der Räuchervorgang unkontrolliert erfolgt, wie es bei den „Altonaer Öfen" der Fall ist. Dort wird Rauch direkt in der Kammer unterhalb des Räuchergutes erzeugt. Bei neueren Anlagen können verschiedene Parameter, z. B. Rauchkonzentration, Temperatur etc., so gesteuert werden, daß sich die PAK-Belastung der Produkte auf ein vertretbares Maß zurückschrauben läßt. Weil derartige Anlagen noch nicht überall eingesetzt werden, ist die Analyse geräucherter Erzeugnisse auf ihren PAK-Gehalt berechtigt.

Ungeräucherte Schalentiere, vor allem Austern und andere Muscheln, sollten ebenfalls untersucht werden, weil sie Polycyclen sehr gut akkumulieren und aufgrund des fehlenden Enzyms Cytochrom P450 nicht abbauen können. Deshalb sind sie ideale Bioindikatoren zur Ermittlung maritimer Verunreinigungen [3-52].

3.4.1 Analytik

Eine Verseifung des Probenmaterials muß hier wie bei den Vegetabilien durchgeführt werden (Abb. 3-14). Der Cyclohexan-Extrakt wird chromatographisch an Kieselgel und Bio Beads S-X3 gereinigt, und die Polycyclen werden mit der GC/MS analysiert.

Neben Mager-Fischen, Muscheln und Austern können mit diesem Analysenverfahren auch Fleischerzeugnisse untersucht werden. Sehr fetthaltige Substrate erfordern allerdings die sehr zeitaufwendige Extraktion mit Dimethylformamid/Wasser.

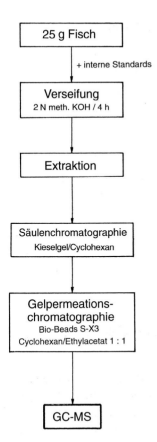

Abb. 3-14: Aufarbeitungsschema „Fischerzeugnisse und Schalentiere".

3.4.2 Ergebnisse

Bei der Untersuchung von Austern und Muscheln werden teilweise hohe Benzo(a)-pyren-Gehalte ermittelt (Tab. 3-3). In einer Probe „Austern in Öl" ergeben sich Benzo(a)-pyren-Werte für das Muschelfleisch von 12 µg/kg und für das Öl sogar 76 µg/kg.

In Abb. 3-15 sind einige Massenfragmentogramme einer Probe „geräucherter Aal" denen einer Probe „frische Auster" gegenübergestellt. Sowohl hinsichtlich der Komponenten Phenanthren und Anthracen als auch für die Benzpyrene und das Perylen ergeben sich für beide Proben deutliche Unterschiede.

Im Räucheraal werden hohe Gehalte an den „leichten" PAK-Komponenten Phenanthren und Anthracen nachgewiesen; ferner liegen Benzo(a)fluoranthen und Perylen sowie Benzo(e)pyren und Benz(a)pyren jeweils in gleicher Größenordnung vor.

Tab. 3-3: PAK in Austern und Muscheln.

Herkunft	Sylt	Frische Austern Frankreich	unbekannt
Phenanthren	2,1	4,2	3,4
Anthracen	<0,1	0,6	0,3
Fluoranthen	5,1	17,5	5,6
Pyren	3,1	12,4	3,2
Benz(a)anthracen	1,1	3,0	0,8
Chrysen/Triphenylen	7,2	8,8	3,2
Summe leichte PAK	18,6	46,5	16,5
Benzo(b,j,k)fluoranthene	12,2	10,2	4,5
Benzo(a)fluoranthen	<0,1	0,2	<0,1
Benzo(e)pyren	6,3	5,5	2,4
Benzo(a)pyren	0,6	1,0	0,4
Perylen	2,7	0,5	0,2
Indeno(1,2,3-cd)pyren	0,6	0,5	0,3
Dibenz(ah,ac)anthracene	0,2	0,2	0,1
Benzo(ghi)perylen	0,8	0,8	0,4
Summe schwere PAK	23,4	18,9	8,3
Summe PAK	42,0	65,4	24,8

Herkunft	Dänemark	Muscheln Korea	Deutschl. 1	Deutschl. 2
Phenanthren	3,5	19,6	1,9	12,9
Anthracen	<0,1	1,9	0,1	1,2
Fluoranthen	10,5	13,5	4,5	18,7
Pyren	7,9	5,5	3,2	11,2
Benz(a)anthracen	5,7	0,8	1,9	3,6
Chrysen/Triphenylen	13,8	3,8	5,3	7,1
Summe leichte PAK	41,4	45,1	16,9	54,7
Benzo(b,j,k)fluoranthene	9,8	1,2	4,8	9,0
Benzo(a)fluoranthen	0,4	<0,1	0,2	0,4
Benzo(e)pyren	5,3	0,7	2,6	6,6
Benzo(a)pyren	1,7	0,3	0,8	1,5
Perylen	3,1	0,1	0,5	n.a.*
Indeno(1,2,3-cd)pyren	1,2	0,2	1,0	1,2
Dibenz(ah,ac)anthracene	0,5	<0,1	0,3	0,3
Benzo(ghi)perylen	1,5	0,3	1,2	2,1
Summe schwere PAK	23,5	2,8	11,4	21,1
Summe PAK	64,9	47,9	28,3	75,8

* nicht auswertbar

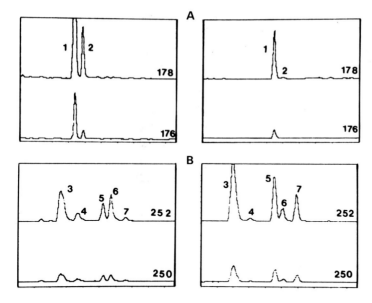

Abb. 3-15: Massenfragmentogramme von (A) „geräucherter Aal" und (B) „frische Auster". (1) Phenanthren, (2) Anthracen, (3) Benzo(b,j,k)fluoranthene, (4) Benzo(a)fluoranthen, (5) Benzo(e)pyren, (6) Benzo(a)pyren, (7) Perylen.

In der ungeräucherten Austernprobe lassen sich dagegen nur geringe Mengen an Phenanthren und Anthracen analysieren; außerdem werden bedeutend mehr Perylen als Benzo(a)fluoranthen und Benzo(e)pyren als Benzo(a)pyren bestimmt. Durch die Aufnahme von PAK-Profilen ist es also möglich, zwischen einer maritimen und einer durch Rauch bedingten PAK-Belastung zu unterscheiden.

3.5 PAK in Kaffee

Mit dem statistischen Verbrauch von ca. 180 Litern pro Kopf und Jahr stellt Kaffee das bedeutendste Getränk in der Bundesrepublik dar. Aus gesundheitlicher Sicht ist daher diesem Lebensmittel im Hinblick auf den potentiellen Gehalt an Schadstoffen große Aufmerksamkeit zu widmen [3-53 bis 3-58].

Die Röstung von Kaffee wird oft mit direkter Heizung durchgeführt. Das Röstgut kommt dabei unmittelbar mit den Verbrennungsrückständen in Kontakt, wodurch eine Kontamination mit PAK wahrscheinlich ist.

So wurden zahlreiche Roh- und Röstkaffeeproben unterschiedlicher Anbieter analysiert. Die Probenahme erfolgte in Abständen, um zeitlich bedingte Einflüsse zu berücksichtigen. Zusätzlich wurden Espresso-Kaffees, die produktbedingt besonders stark geröstet werden, und einige lösliche Kaffees untersucht.

3.5.1 Analytik

Die Bestimmung der Polycyclen erfolgt nach Verseifung des Probenmaterials, Reinigung der Extrakte an Kieselgel und Bio Beads S-X3 mit GC/MS in prinzipieller Analogie zur Analytik der Fischerzeugnisse (Vorschrift „Kaffee").

Einige Massenfragmentogramme einer Röstkaffeeprobe sind in Abb. 3-16 zusammengestellt. Man erkennt, daß die einzelnen Verbindungen nach dem beschriebenen Clean-up selektiv zu bestimmen sind.

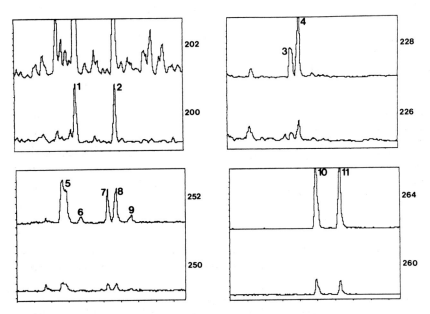

Abb. 3-16: Massenfragmentogramme eines Röstkaffee-Extraktes. (1) Fluoranthen, (2) Pyren, (3) Benz(a)anthracen, (4) Chrysen/Triphenylen, (5) Benzo(b,j,k)fluoranthene, (6) Benzo(a)-fluoranthen, (7) Benzo(e)pyren, (8) Benzo(a)pyren, (9) Perylen, (10) Benzo(e)pyren-d_{12}, (11) Perylen-d_{12}.

3.5.2 Ergebnisse

Die in Tab. 3-4 auszugsweise gegenübergestellten Ergebnisse [3-58] lassen erkennen, daß die PAK-Gehalte der verschiedenen Röstkaffees nahezu in gleicher Größenordnung liegen. Beim Vergleich der PAK-Gehalte des eingesetzten Rohkaffees mit denen des entsprechenden Röstkaffees wird deutlich, daß offenbar weniger der Röstprozeß, sondern vielmehr der PAK-Gehalt des Rohkaffees den Gehalt im gerösteten Erzeugnis beeinflußt.

Tab. 3-4: PAK in Kaffee.

	Rohkaffees		Röstkaffees			
Probe	1	2	1	2	3	4
Fluoranthen	3,4	8,0	5,3	21,1	10,7	4,3
Pyren	2,8	8,1	5,9	26,8	13,2	5,2
Benz(a)anthracen	0,1	1,4	0,3	1,4	0,6	0,2
Chrysen/Triphenylen	0,7	3,0	1,6	2,8	1,8	0,9
Summe leichte PAK	7,0	20,5	13,1	52,1	26,3	10,6
Benzo(b,j,k)fluoranthene	0,3	1,9	0,3	1,6	0,9	0,3
Benzo(a)fluoranthen	<0,1	0,2	<0,1	0,2	0,1	<0,1
Benzo(e)pyren	<0,1	0,8	0,2	0,8	0,4	0,2
Benzo(a)pyren	0,1	0,9	0,1	1,0	0,4	0,2
Perylen	<0,1	0,3	<0,1	0,2	0,1	<0,1
Indeno(1,2,3-cd)pyren	<0,1	0,5	<0,1	0,5	0,2	0,1
Dibenz(ah,ac)anthracene	<0,1	0,1	<0,1	<0,1	<0,1	<0,1
Benzo(ghi)perylen	<0,1	0,6	0,1	0,8	0,3	0,1
Summe schwere PAK	0,4	5,3	0,7	5,1	2,4	0,9
Summe PAK	7,4	25,8	13,8	57,2	28,7	11,5

	Espresso Kaffees				Lösliche Kaffees	
Probe	1	2	3	4	1	2
Fluoranthen	14,9	7,5	5,8	6,3	0,3	0,6
Pyren	16,7	7,9	6,7	6,4	0,2	0,8
Benz(a)anthracen	1,7	0,5	0,5	0,7	<0,1	0,1
Chrysen/Triphenylen	4,3	2,0	2,5	5,5	<0,1	0,2
Summe leichte PAK	37,6	17,9	15,5	18,9	0,5	1,7
Benzo(b,j,k)fluoranthene	1,8	0,6	0,5	0,9	<0,1	<0,1
Benzo(a)fluoranthen	0,1	<0,1	<0,1	0,1	<0,1	<0,1
Benzo(e)pyren	0,7	0,2	0,2	0,7	<0,1	<0,1
Benzo(a)pyren	0,8	0,3	0,2	0,2	<0,1	<0,1
Perylen	0,2	<0,1	<0,1	0,2	<0,1	<0,1
Indeno(1,2,3-cd)pyren	0,4	0,2	0,1	0,1	<0,1	<0,1
Dibenz(ah,ac)anthracene	<0,1	<0,1	<0,1	<0,1	<0,1	<0,1
Benzo(ghi)perylen	0,8	0,3	0,2	0,3	<0,1	<0,1
Summe schwere PAK	4,8	1,6	1,2	2,5		
Summe PAK	42,4	19,5	16,7	21,4	0,5	1,7

Die PAK-Gehalte der Espresso-Kaffees — obwohl besonders stark geröstet — sind im gleichen Bereich wie die Gehalte der übrigen hier betrachteten Röstkaffees. Die Gehalte der einzelnen PAK in löslichem Kaffee sind erwartungsgemäß gering und liegen in vielen Fällen unter der Nachweisgrenze von 0,1 µg/kg.

3.6 PAK in Tee

Über auffällig hohe Benzo(a)pyrengehalte (BAP) in Tee und besonders in Mate-Tee berichteten Ruschenburg und Jahr [3-54]:

Schwarzer Tee (17)	0,5– 25,7 µg/kg BAP
Rauch-Tee (10)	5,6– 77,2 µg/kg BAP
Mate-Blätter, grün (19)	56 –532 µg/kg BAP
Mate-Blätter, geröstet (12)	146 –714 µg/kg BAP
(Probenzahl in Klammern)	

3.6.1 Analytik

Um bei Teeproben trotz der Vielzahl extrahierbarer Substanzen zu auswertbaren Chromatogrammen zu gelangen, sollte nach der Verseifung des Probenmaterials die halbpräparative HPLC als Clean-up-Methode [3-59] eingesetzt werden. Als stationäre Phase dient eine Kieselgelsäule Si 60 (7 µm); als mobile Phase erwies sich n-Hexan/Essigsäureethylester (9 : 1) als günstig. Schneidet man unter diesen Bedingungen ausreichend kleine Fraktionen, dann kann man das Benzo(a)pyren nach Konzentration der Probe gaschromatographisch mit FID-Detektion störungsfrei vermessen. Wie durch Isolierung immer kleinerer Fraktionen der Reinigungseffekt gesteigert werden kann, zeigt Abb. 3-17. Die Fraktionierung in kleinen Zeitfenstern setzt allerdings eine gute Reproduzierbarkeit der chromatographischen Trennung voraus.

3.6.2 Ergebnisse

Die in den Tab. 3-4 und 3-5 zusammengestellten Ergebnisse zeigen die deutlich höhere Belastung des Tees mit Benzo(a)pyren im Vergleich zum Kaffee. Für die Abschätzung der gesundheitlichen Risiken sind aber nicht die Gehalte an Polycyclen im Produkt entscheidend, sondern vielmehr die Menge an Polycyclen, die in das Getränk übergehen. Diese Übergänge sind durch mehrere Arbeitsgruppen hinreichend untersucht worden (Ruschenburg und Jahr [3-54], Winnermark [3-55], Hischenhuber und Stijve [3-56], Kruijf, Schouten und van der Stegen [3-57]). So sollen lediglich 1–2 % der Polycyclen in das Getränk übergehen.

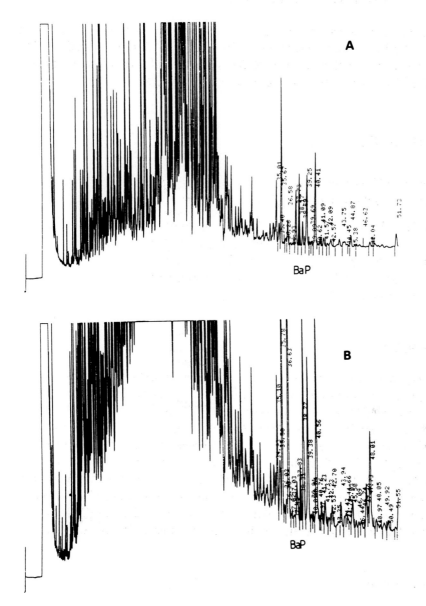

Abb. 3-17: Kapillargaschromatogramme einer Teeprobe nach unterschiedlicher Fraktionierung. Fraktionszeit (A) 4 min, (B) 5 min.

Im Vergleich zu anderen Lebensmitteln nimmt der Mensch durch den Genuß von
Kaffee und Tee somit nur unbedeutende Mengen an polycyclischen aromatischen
Kohlenwasserstoffen auf.

Tab. 3-5: Benzo(a)pyren in Tee.

Teesorte	Benzo(a)pyren [µg/kg]
Russ. Mischung 1	12,4
Russ. Mischung 2	5,0
Russ. Mischung 3	3,2
Chines. Tee 1	20,1
Chines. Tee 2	17,6
Chines. Tee 3	15,2
Chines. Tee 4	10,8
Chines. Tee 5	3,8
Russ. Rauchtee	14,5
Chines. Rauchtee	4,8

3.7 Analysenvorschriften zur Bestimmung von PAK in Lebensmitteln

3.7.1 Chemikalien

- Standardsubstanzen (0,5 ng/µl in Toluol): Phenanthren, Anthracen, Fluoranthen, Pyren, Benz(a)anthracen, Chrysen, Triphenylen, Benzofluoranthene a, b, j und k, Benzo(e)pyren, Benzo(a)pyren, Perylen, Indeno(1,2,3-cd)pyren, Dibenz(ah)anthracen, Dibenz(ac)anthracen, Benzo(ghi)perylen
- interne Standardlösung (0,1 ng/µl in Toluol) von Phenanthren-d_{10}, Benzo(e)-pyren-d_{12}, Perylen-d_{12}
- Cyclohexan, nanograde
- Toluol, nanograde
- Dimethylformamid p. a.
- n-Hexan, nanograde
- Bio Beads S-X3
- Aqua bidest.
- Na_2SO_4 p.a.: geglüht (12h, 550 °C), im Exsikkator aufbewahren, Schliffstopfen mit Parafilm abdichten
- 2 N methanolische Kalilauge: 112 g KOH p.a. in 100 ml Aqua bidest. lösen, mit Methanol auf 1000 ml auffüllen
- Methanol/Aqua bidest. (9/1; V/V)
- Cyclohexan/Essigester (1/1; V/V) als GPC-Eluens
- Methanol/Aqua bidest. (1/1; V/V), 2%ig an Natriumsulfat: 20 g Natriumsulfat in 500 ml Aqua bidest. lösen, mit 500 ml Methanol versetzen

- Dimethylformamid/Aqua bidest. (9/1; V/V): 225 ml DMF in 250-ml-Misch-zylinder vorlegen, mit 25 ml Aqua bidest. versetzen; kräftig schütteln, bis eine gute Durchmischung erreicht ist (gebildete Schlieren müssen sich auflösen)
- 1%ige Natriumsulfatlösung: 100 ml Aqua bidest. in 100-ml-Schüttelzylinder vorlegen, mit 1 g bei 550 °C geglühtem Na_2SO_4 versetzen; schütteln, bis Natri-umsulfat in Lösung gegangen ist (Die Reihenfolge ist einzuhalten, da bei umge-kehrter Vorgehensweise das geglühte Natriumsulfat schlecht lösliche Klumpen bildet)
- Silicagel (SiOH) Kartuschen 3 ml
- Kieselgel 60 für Säulenchromatographie, Korngröße 0,063–0,2 μm, 70–230 mesh ASTM. Konditionierung: Glühen 12 h bei 550 °C; einige Stunden im Trocken-schrank bei 125 °C vorkühlen, im Exsikkator über Blaugel abkühlen; wöchentlich benötigte Menge in Jodzahlkolben geben, mit Aqua bidest. auf 15 Gew.% einstel-len, 30 min in Schüttelmaschine bei hoher Stufe schütteln, dann 24 h im Exsik-kator stehenlassen, Schliffkolben dabei mit Parafilm abdichten.

3.7.2 Glasgeräte und Hilfsmittel

Wenn möglich Braunglas einsetzen; alle Glasgeräte vor Gebrauch mit Cyclohexan spülen.

Für die Verseifung
- elektrische Heizplatte mit Sandbad
- Rückflußkühler
- 250-ml-Rundkolben
- Glasperlen
- Bimssteine
- 1-ml-Enzymtestpipette

Für die PAK-Extraktion
- Schlitzsiebnutsche (Büchner-Trichter) Durchmesser Platte 73 mm, Inhalt 220 ml
- Rundfilter Durchmesser 70 mm
- Vakuumvorstoß, gerade, mit Abtropfspitze, Absaugrohr mit Kern- und Hülsen-schliff
- Vakuumpumpe mit Controller
- Wittscher Topf
- 500-ml-Scheidetrichter
- 1000-ml-Scheidetrichter
- 250-ml-Bechergläser
- 100-ml-Meßzylinder
- 500-ml-Rundkolben

Für Clean-up über Kieselgelsäule
- 250-ml-Jodzahlkolben, Parafilm
- Chromatographierohre 200×10 mm mit 250-ml-Vorratsbehälter und PTFE-Hahn
- Glaswolle, silanisiert
- 10-ml- oder 20-ml-Bechergläser
- Pasteurpipetten, lang und kurz
- 10-ml-Meßzylinder
- 250-ml-Rundkolben

Für Clean-up über GPC-Säule
- 10-ml-Schliffreagenzgläser mit Graduierung (0,5 ml)
- 500-ml-Rundkolben
- lange Pasteurpipetten
- Glas-Vials, 4 ml, Braunglas mit Schraubdeckel und PTFE-Septen
- Reacti-Therm-Block mit N_2-Leitung (Waschflaschen gefüllt mit H_2SO_4 und mit Toluol)

3.7.3 Vorschrift V1: Fischerzeugnisse und Schalentiere

V1-1 Verseifung
- 25 g homogenisierte Probe im 250-ml-Soxhletkolben mit 100 ml 2 N methanolischer Kalilauge versetzen
- 4 bis 6 Glasperlen und 4 bis 6 Bimssteinchen zugeben
- 1 ml interne Standardlösung (0,1 ng/µl) zufügen
- vier Stunden unter Rückfluß verseifen

V1-2 Extraktion
- die noch warme Lösung mit 100 ml Methanol/Aqua bidest. (9/1; V/V) in 500-ml-Braunglasscheidetrichter überführen, dabei den Rückflußkühler mit ca. 30 ml, den Soxhletkolben mit den restlichen 70 ml spülen
- vereinigte wäßrige Phasen durch zweimaliges Ausschütteln (2 min) mit jeweils 100 ml Cyclohexan extrahieren
- zur besseren Phasentrennung evt. wenige ml Ethanol zufügen
- vereinigte Cyclohexanextrakte mit 100 ml Methanol/Aqua bidest. (1/1; V/V) ausschütteln
- Cyclohexanphase mit 100 ml Aqua bidest. ausschütteln
- Cyclohexanphase in 500-ml-Rundkolben mit 5 g geglühtem Natriumsulfat geben
- *über Nacht* in Kühlschrank stellen, mindestens jedoch 2 h, bis Lösung klar ist

V1-3 Clean-up über Kieselgelsäule

Vorbereitung des Probenextraktes
- den über Natriumsulfat getrockneten Cyclohexan-Extrakt vorsichtig in einen zweiten 500-ml-Rundkolben überführen
- ersten Rundkolben dreimal mit ca. 20 ml Cyclohexan nachspülen
- vereinigte Cyclohexanvolumina am Vakuumrotationsverdampfer bei 40–45 °C auf ca. 1 ml einengen *(nicht bis zur Trockene!)*

Herstellung der Kieselgelsäule
- unteres Säulenende mit kleinem Glaswollepfropfen verschließen
- 5 g konditioniertes Kieselgel im Becherglas einwiegen
- mit Cyclohexan aufschlämmen *(kurz mit Ultraschall behandeln)*
- in die Säule überspülen
- gegen die Chromatographie-Säule klopfen, um eine gleichmäßige Packungsdichte zu erreichen *(Auf Luftblasenfreiheit unbedingt achten)*
- Cyclohexan bis kurz über die Kieselgeloberfläche ablaufen lassen
- erneut Säule mit Cyclohexan bis zum Ansatz des Vorratsbehälters füllen, *darauf achten, daß kein Kieselgel aufgewirbelt wird*
- Cyclohexan bis kurz über die Kieselgeloberfläche ablaufen lassen
- erneut die Säule mit Cyclohexan bis zum Ansatz des Vorratsbehälters füllen
- Kieselgel vor dem Ablaufen mit 0,5 g geglühtem Natriumsulfat überschichten
- vor Gebrauch der Säule den Cyclohexan-Flüssigkeitsspiegel bis zur Natriumsulfat-Schicht ablaufen lassen

Durchführung
- konzentrierten Extrakt mit Pasteurpipette auf vorbereitete Säule geben
- 10-ml-Meßzylinder unter den Säulenauslauf stellen
- Flüssigkeitsspiegel bis zur Natriumsulfatschicht ablaufen lassen
- Rundkolben mit ca. 2 ml Cyclohexan spülen, auf Säule geben und Flüssigkeitsspiegel bis zur Natriumsulfatschicht ablaufen lassen
- Spülen zweimal wiederholen
- sobald die 10-ml-Marke des Meßzylinders erreicht ist, Säule schließen, *10 ml Volumen verwerfen*
- unter den Säulenauslauf einen 250-ml-Rundkolben stellen
- mit 75 ml Cyclohexan die PAK von der Säule eluieren

Auf Tropfgeschwindigkeit muß während der Konditionierung und während der Elution nicht geachtet werden, da bei einer 5 g Kieselgelpackung nur eine niedrige Tropfgeschwindigkeit erreicht wird. *Eluieren über Nacht ist möglich.*

V1-4 Clean-up über GPC-Säule
- Elutat der Kieselgelsäule am Rotationsverdampfer bei 40–45 °C auf ca. 1–2 ml einengen *(nicht bis zur Trockene!)*

- mit Pasteurpipette den Rückstand in 10-ml-Schliffreagenzglas mit Graduierung überführen
- Rundkolben dreimal mit Cyclohexan nachspülen, bis insgesamt 5 ml Cyclohexan-Probenextrakt im Reagenzglas vorliegen
- Rundkolben mit ca. 5 ml Essigester spülen und ebenfalls in das Reagenzglas überführen
- mit Essigester auf die 10-ml-Marke einstellen

GPC-Bedingungen

Säulenmaterial:	Bio Beads S-X3
Säulenparameter:	Füllhöhe: 39 cm
	I.D. der Säule: 2,5 cm
Probenschleife:	5 ml
Eluens:	Cyclohexan/Essigester (1/1; V/V)
Flow:	5 ml/min
Dump:	30 min
Collect:	40 min

Meßlösung für GC/MS-Messung

- GPC-Eluat am Rotationsverdampfer bei 40–45 °C auf ca. 0,5–1 ml einengen *(nicht bis zur Trockene!)*
- Extrakt mit langer Pasteurpipette in ein mit n-Hexan oder Cyclohexan vorgespültes 4-ml-Vial überführen
- Rundkolben dreimal mit je 1 ml Cyclohexan spülen und vereinigte Probelösungen im schwachen N_2-Strom bei 50 °C bis *gerade zur Trockene einengen*
- Rückstand mit 0,1 ml Toluol (Enzymtestpipette) aufnehmen, Vial verschließen, schütteln und kurz mit Ultraschall behandeln

V1-5 GC/MS-Messung

Gerät:	**MAT 112**
Säule:	30 m DB-5, 0.25 mm i.D., 0.25 µm Film
Temp.prog.:	110 °C mit 5 °C/min auf 280 °C, 20 min halten
Trägergas:	Helium, 0,7 bar
Injektion:	1 µl, cold-on-column
Kopplung:	260 °C
Quellentemp.:	250 °C
Ionisierung:	EI, 0,1 A
Scanbedingungen:	MIS-Mode
Phenanthren, Anthracen:	m/z 178; m/z 176
Phenanthren-d_{10}:	m/z 188; m/z 184

Fluoranthen, Pyren:	m/z 202; m/z 200
Benz(a)anthracen, Chrysen/Triphenylen:	m/z 228; m/z 226
Benzofluoranthene b,j,k,a:	m/z 252; m/z 250
Benzo(e)pyren, Benzo(a)pyren, Perylen:	m/z 252; m/z 250
Benzo(e)pyren-d_{12}, Perylen-d_{12}:	m/z 264; m/z 260
Indeno(1,2,3-cd)pyren:	m/z 276; m/z 277
Dibenz(ah,ac)anthracene:	m/z 278; m/z 279
Benzo(ghi)perylen:	m/z 276; m/z 277

Gerät:	**ITS 40**
Säule:	30 m DB-5, 0.25 mm i.D., 0.25 µm Film
Temp.prog.:	70 °C, 1 min halten, mit 7 °C/min auf 280 °C, 20 min halten
Trägergas:	Helium, 0,7 bar
PTV-Injektor:	1 µl, Split 40 sec geschlossen
Kopplung:	260 °C
Quellentemp.:	250 °C
Ionisierung:	EI

Phenanthren, Anthracen:	177–179; 175–177
Phenanthren-d_{10}:	187–189; 183–185
Fluoranthen, Pyren:	201–203; 199–201
Benz(a)anthracen, Chrysen/Triphenylen:	227–229; 225–227
Benzofluoranthene b,j,k,a:	251–253; 259–261
Benzo(e)pyren, Benzo(a)pyren, Perylen:	251–253; 249–251
Benzo(e)pyren-d_{12}, Perylen-d_{12}:	263–265; 259–261
Indeno(1,2,3-cd)pyren:	275–277
Dibenz(ah,ac)anthracene:	277–279
Benzo(ghi)perylen:	275–277

3.7.4 Vorschrift V2: Vegetabilien

V2-1 Verseifung
Siehe Vorschrift V1-1

V2-2 Extraktion
Siehe Vorschrift V1-2

V2-3A Clean-up über GPC-Säule
Für Pflanzenmaterial mit einer wachshaltigen Cuticula, z. B. Grünkohl, ist dieser Reinigungsschritt zwingend notwendig; auch für Weißkohl, Blumenkohl, Spinat,

Kopfsalat ist der Einsatz der GPC zu empfehlen, weil man damit viel Zeit sparen kann.

– Cyclohexanextrakt am Rotationsverdampfer (Bad-Temperatur 40 °C) auf ca. 2 ml einengen
– Lösung in 10-ml-Standzylinder überführen und im N_2-Strom auf wenige ml konzentrieren
– mit Cyclohexan auf genau 5 ml einstellen
– genau 5 ml Essigsäureethylacetat zufügen und umschütteln
– 5 ml dieser Lösung auf GPC-Säule geben

GPC-Bedingungen
Siehe Vorschrift V1-4

V2-3B Clean-up durch halbpräparative HPLC nach vorgeschaltetem Clean-up an Kieselgel-Einmal-Trennsäule (Bakerbond-SPE 3 ml)
Dieser Reinigungsschritt ist zu empfehlen, wenn neben Chlorophyll und Carotinoiden vor allem etherische Öle aus der Probenmatrix zu entfernen sind, z. B. bei Petersilie und Karotten

Vorbereitung der Einmal-Trennsäule
– Einmal-Trennsäule durch Spülen mit 5 ml Cyclohexan unter Anlegung eines leichten Vakuums aktivieren

Durchführung
– die nach Vorschrift V2-2 auf ca. 2 ml konzentrierte Probenlösung auf die präparierte Säule geben
– Probengefäß mit insgesamt 1 ml Cyclohexan spülen
– Die PAK mit weiteren 7 ml Cyclohexan unter Anlegung eines leichten Vakuums eluieren
– das gesamte Eluat (ca. 10 ml) im N_2-Strom vorsichtig bis gerade zur Trockene bringen
– Rückstand mit 2 ml HPLC-Eluens aufnehmen

Halbpräparative HPLC

Autosampler:	LDC-Milton Roy ASI 150
Pumpe:	LDC-Milton Roy constaMetric III
UV-Detektion:	LDC-Milton Roy SpectroMonitor D
Fraktionssammler:	ISCO Foxy
Integrator:	Spectra Physics 4290
stationäre Phase:	LiChrosorb Si 60 (7µm), Merck
Säulenmaße:	10 × 250 mm
mobile Phase:	n-Hexan/Ethylacetat (9/1; V/V)

Flußrate: 4 ml/min
Injektionsvolumen: 1,0 ml
PAK-Fraktion: 4,9–7,6 min

- fraktionierte Lösung vorsichtig im N_2-Strom bis gerade zur Trockene einengen
- Rückstand in 50 oder 100 µl Toluol aufnehmen

V2–4 GC/MS-Messung
Siehe Vorschrift V1-5

3.7.5 Vorschrift V3: Pflanzliche Öle und Fette

V3-1 Extraktion
- ca. 25 g Öl in 100-ml-Braunglaskolben genau einwiegen
- 25 ml Cyclohexan zugeben und umschwenken (Schlieren sollten nicht mehr zu beobachten sein)
- 25 ml Cyclohexan in 250-ml-Braunglasscheidetrichter vorlegen
- Öllösung in Scheidetrichter überführen
- Kolben zweimal mit je 25 ml Cyclohexan nachspülen
- Spüllösung in Scheidetrichter überführen
- mit 1 ml interner Standardlösung dotieren
- kräftig durchschütteln
- 50 ml DMF/Aqua bidest. (9/1; V/V) zufügen
- 2 min gut durchschütteln
- nach Phasentrennung (Zeitbedarf ca. 35 min; auftretende Trübungen einer oder beider Phasen können vernachlässigt werden) DMF/Aqua bidest.-Phase in 500-ml-Scheidetrichter ablaufen lassen
- Ausschütteln zweimal mit je 25 ml DMF/Aqua bidest. wiederholen
- DMF/Aqua bidest.-Phasen vereinigen
- DMF/Aqua bidest.-Phase mit 100 ml 1 %iger wäßriger Na_2SO_4-Lsg. versetzen
- kräftig umschütteln, vorsichtig entlüften, ca. 5 min warten
- 50 ml Cyclohexan zugeben
- 2 min schütteln
- nach Phasentrennung (Zeitbedarf ca. 35 min; Trübungen können vernachlässigt werden) Aqua bidest./DMF-Phase in einen zweiten 500-ml-Braunglasscheidetrichter ablaufen lassen und erneut mit 35 ml Cyclohexan 2 min ausschütteln
- nach Phasentrennung Cyclohexanphase aus 1. Scheidetrichter so in den zweiten Scheidetrichter laufen lassen, daß keine Durchmischung erfolgt
- Aqua bidest./DMF-Phase in 1. Scheidetrichter ablaufen lassen und nochmals 2 min mit 35 ml Cyclohexan ausschütteln
- nach Phasentrennung Aqua bidest./DMF-Phase verwerfen

- Cyclohexanphase in 2. Scheidetrichter ablaufen lassen, Scheidetrichter 1 mit 40 ml Aqua bidest. nachspülen und zur Cyclohexanphase in Scheidetrichter 2 laufen lassen
- 2 min kräftig schütteln
- zur Phasentrennung über Nacht stehen lassen
- Waschwasser verwerfen und Waschvorgang mit 40 ml Aqua bidest. wiederholen (Die Phasentrennung beim 1. Waschvorgang ist mitunter recht langwierig; es bilden sich schwer trennbare Emulsionen. Eine Zugabe von Ethanol bewirkt zwar eine schnellere Phasentrennung, diese ist jedoch meist unvollständig. Daher wird das Stehenlassen über Nacht empfohlen. In besonders hartnäckigen Fällen kann man folgendermaßen vorgehen: Man setzt zunächst 10 ml 10%ige Natriumsulfat-Lösung zu und schüttelt kräftig um. Ist nach einigen min keine verbesserte Phasentrennung erkennbar, läßt man die wäßrige Phase nebst der meist sämigen Emulsion in den freien 500-ml-Scheidetrichter ab. Dann fügt man 50 ml Aqua bidest. zu und schüttelt kräftig um. Die sämige Konsistenz der wäßrigen Phase löst sich auf und es bildet sich eine deutlich erkennbare Phasengrenze.)
- Cyclohexanphase in 250-ml-Braunglaskolben ablaufen lassen
- Scheidetrichter zweimal mit je 15 ml Cyclohexan nachspülen, Cyclohexan in Scheidetrichter 1 geben, umschütteln, in Scheidetrichter 2 ablaufen lassen, nach Umschütteln mit Cyclohexan in Braunglasrundkolben vereinigen
- 2,5 g geglühtes Natriumsulfat zufügen, Kolben mit Stopfen verschließen und kräftig umschütteln
- mindestens 2 h im Kühlschrank aufbewahren (auch über Nacht), bis überstehende Lösung klar ist
- die Lösung vorsichtig in 250-ml-Braunglaskolben abdekantieren
- Kolben mit Natriumsulfat dreimal mit je 15 ml Cyclohexan nachspülen und jeweils abdekantieren
- vereinigte Extrakte am Rotationsverdampfer annähernd zur Trockene einengen
- mit Cyclohexan auf 1 ml Endvolumen bringen

V3-2 Clean-up über Kieselgelsäule
Siehe Vorschrift V1-3

V3-3 Clean-up über GPC-Säule
Siehe Vorschrift V1-4

V3-4 GC/MS-Messung
Siehe Vorschrift V1-5

3.7.6 Vorschrift V4: Kaffee

V4-1 Verseifung

Röstkaffee (gemahlen)
- 25 g Kaffee in 250 ml Soxhletkolben einwiegen
- 100 ml 2 N methanolische Kalilauge zugeben
- 6 bis 8 Glasperlen und 6 bis 8 Bimssteinchen zufügen
- mit 1 ml interner Standardlösung (0,1 ng/µl) versetzen
- vier Stunden unter Rückfluß verseifen

Löslicher Kaffee (im Mörser zerkleinert)
- 25 g Kaffee in 500-ml-Braunglas-Rundkolben einwiegen
- 200 ml 2 N methanolische Kalilauge zugeben
- 6 bis 8 Glasperlen und 6 bis 8 Bimssteinchen zufügen
- mit 1 ml interner Standardlösung (0,1 ng/µl) versetzen
- vier Stunden unter Rückfluß verseifen

V4-2 Extraktion

Röstkaffee
- Büchner-Trichter mit Rundfilter und Scheidetrichter mit ca. 30 ml Cyclohexan spülen
- die noch warme Lösung von V4-1. mit 100 ml Methanol/Aqua bidest. (9/1; V/V) über den Büchner-Trichter mit genau passendem Rundfilter in 500-ml-Braunglas- scheidetrichter überführen, dabei mit ca. 30 ml den Rückflußkühler spülen, mit den restlichen 70 ml den Soxhletkolben (bevor die Probe auf das Filter gegeben wird, unbedingt *volles Vakuum* anlegen, sonst können Kaffeepartikel in den Scheidetrichter gelangen)
- nach vollständigem Absaugen der Flüssigkeit den Soxhletkolben nochmals mit 30 ml Methanol/Aqua bidest. (9/1; V/V) nachspülen (Ultraschallbad) und über den Filterkuchen geben
- wiederum vollständig absaugen *(volles Vakuum)*
- wäßrige Phase mit 100 ml Cyclohexan 2 min ausschütteln (zur besseren Phasen- trennung evt. wenige ml Ethanol zufügen)
- nach Ablassen der wäßrigen Phase in ein 250-ml-Becherglas die Cyclohexanphase „über Kopf" aus dem Scheidetrichter in einen zweiten Scheidetrichter gießen (sonst ist der Extrakt zu sehr verunreinigt)
- Extraktion der wäßrigen Phase mit Cyclohexan wiederholen, dabei vorher das Becherglas mit den 100 ml Cyclohexan portionsweise ausspülen
- die vereinigte Cyclohexanextrakte mit 100 ml Methanol/Aqua bidest. (1/1; V/V) ausschütteln. *Eine Unterbrechung ist möglich*
- Cyclohexanphase mit 100 ml Aqua bidest. ausschütteln

– Cyclohexanphase in einen 500-ml-Rundkolben mit 5 g geglühtem Natriumsulfat geben
– über Nacht in Kühlschrank stellen

Löslicher Kaffee
Gegenüber Röstkaffee folgende Änderungen:
– Seifenlösung mit 150 ml Methanol/Aqua bidest. (9/1; V/V) über den Büchner-Trichter in 1000-ml-Scheidetrichter überführen
– Extraktion der vereinigten wäßrigen Phasen zweimal mit jeweils 150 ml Cyclohexan vornehmen
– Cyclohexanphasen wie „Röstkaffee" weiter bearbeiten

V4-3 Clean-up über Kieselgelsäule
Siehe Vorschrift V1-3

V4-4 Clean-up über GPC-Säule
Siehe Vorschrift V1-4

V4-5 GC/MS-Messung
Siehe Vorschrift V1-5

3.8 Literatur

[3-1] Pott, P., in: *Chirugical Observations:* Hawes, Clarke, Collins (Hrsg.) London, 1775
[3-2] Dennis, M.J., Massey, R.C., McWeeny, D.J., Knowles, M.E., Watson, D., *Food and Chemical Toxicology,* **1983,** *21,* 569–574.
[3-3] Wendt, H.H.R.H., *Fette, Seifen, Anstrichmittel,* **1981,** *83,* 541–542.
[3-4] International Agency for Research on Cancer (IARC), *Polynuclear aromatic hydrocarbons Part 1,* **1983,** 32, Lyon.
[3-5] Jung, L., Morand, P., *Compt. Rend. Acad. Sci.* (Paris), **1962,** *254,* 1489–1491.
[3-6] Jung, L., Morand, P., „Interpretation des spectres de fluorescence des huiles vegetables", *Ann. Fals. Exp. Chim.,* **1964,** *57,* 17–25.
[3-7] Howard, J.W., Turicchi, E.W., White, R.H., Fazio, T., *Journal of the AOAC,* **1966,** *49,* 1236–1244.
[3-8] Biernoth, G., Rost, H.E., *Chemistry and Industry,* **1967,** 2002–2003.
[3-9] Grimmer, G., Hildebrandt, A., *Chemistry and Industry,* **1967,** 2000–2002.
[3-10] Grimmer, G., Böhnke, H., *Journal of the AOAC,* **1975,** *58,* 725–733.
[3-11] Sagredos, A.N., Sinha-Roy, D., *Deutsche Lebensmittel-Rundschau,* **1979,** *75,* 350–352.
[3-12] Heddeghem, A.V., Huyghebaert, A., De Moor, H., *Z. Lebensm. Unters. Forsch.,* **1980,** *171,* 9–13.
[3-13] Kolarovic, L., Traitler, H., *Journal of Chromatography,* **1982,** *237,* 263–272.
[3-14] Mariani, C., Fedeli, E., *La Rivista Italiana Delle Sostanze Grasse,* **1984,** *61,* 305–315.
[3-15] Hopia, A., Pyysalo, H., Wickström, K., *JAOCS,* **1986,** *63,* 889–893.

[3-16] Welling, P., Kaandorp, B., Z. Lebensm. Unters. Forsch., 1986, 183, 111-115.

[3-17] Larsson, B.K., Eriksson, A.T., Cervenka, M., JAOCS, 1987, 64, 365-370.

[3-18] Stijve, T., Diserens, H., Deutsche Lebensmittel-Rundschau, 1987, 83, 183-185.

[3-19] Sagredos, A.N., Sinha-Roy, D., Thomas, A., Fat Science and Technology, 1988, 90, 76-81.

[3-20] Speer, K., Montag, A., Fat Science and Technology, 1988, 90, 163-167.

[3-21] Menichini, E., Bocca, A., Merli, F., Ianni, D., Monfredini, F., Food Additives and Contaminants, 1991, 8, 363-369.

[3-22] Dennis, M.J., Massey, R.C., Cripps, G., Venn, I., Howarth, N., Lee, G., Food Additives and Contaminants, 1991, 8, 517-530.

[3-23] Leitsätze für Speisefette und Speiseöle v. 29/30.11.1983 (Beilage BAnz. Nr. 100a v. 26.5.1984, GMBI. S. 214, zuletzt geändert am 9.6.1987 (BAnz. Nr. 140a v. 1.8.1987).

[3-24] Rundschreiben des BMdI v. 23.7.1952 (GMBI. S. 248).

[3-25] Potthast, K., Eigner, G., Journal of Chromatography, 1975, 103, 173-176.

[3-26] Gertz, C., Z. Lebensm. Unters. Forsch., 1981, 173, 208-212.

[3-27] Gertz, C., Z. Lebensm. Unters. Forsch., 1978, 167, 233-237.

[3-28] Tuominen, J., Wickström, K., Pyysalo, H., J. High Resolut. Chromatography, 1986, 9, 469-471.

[3-29] Fernandez, P., Bayona, J.M. in: Tenth International Symposium on Capillary Chromatography, Riva del Garda, Italy, 1989, Vol. 1, S. 491-501.

[3-30] Fritz, W., Soos, K., Nahrung, 1981, 25, 905-913.

[3-31] Fritz, W., Nahrung, 1983, 27, 965-973.

[3-32] Fritz, W., Z. ges. Hyg., 1983, 29, 256-259.

[3-33] Grimmer, G., Hildebrand, A., Deutsche Lebensmittel-Rundschau, 1965, 61, 237-239.

[3-34] Siegfried, R., Naturwissenschaften, 1975, 62, 300.

[3-35] Linne, C., Martens, R., Z. Pflanzenernähr. Bodenkd., 1978, 141, 265-274.

[3-36] Edwards, N.T., Journal of Environmental Quality, 1983, 12, 427-441.

[3-37] Larsson, B.K., Sci. Food Agric., 1985, 36, 463-470.

[3-38] Wickström, K., Pyysalo, H., Plaami-Heikkilä, S., Tuominen, J., Z. Lebensm. Unters. Forsch., 1986, 183, 182-185.

[3-39] Lawrence, J.F., Weber, D.F., J. Agric. Food Chem., 1984, 32, 794-797.

[3-40] Lawrence, J.F., Intern. J. Environ. Anal. Chem., 1986, 24, 113-131.

[3-41] Stijve, T., Hischenhuber, C., Deutsche Lebensmittel-Rundschau, 1987, 83, 276-282.

[3-42] Meier, P., Aubort, J.-D., Mitt. Gebiete Lebensm. Hyg., 1988, 79, 433-439.

[3-43] Speer, K., Horstmann, P., Steeg, E., Kühn, T., Montag, A., Z. Lebensm. Unters. Forsch., 1990, 191, 442-448.

[3-44] Steinig, J., Z. Lebensm. Unters. Forsch., 1976, 162, 235.

[3-45] Larsson, B.K., Z. Lebensm. Unters. Forsch., 1982, 174, 101-107.

[3-46] Lawrence, J.F., Weber, D.F., J. Agric. Food Chem., 1984, 32, 789-794.

[3-47] Wigand, W., Jahr, D., Fleischwirtschaft, 1985, 65, 908-915.

[3-48] Bender, M.E., Hargis, J., Huggett, R.J., Roberts, M.H., Marine Environmental Research, 1988, 24, 237-241.

[3-49] Larsson, B.K., Pyysalo, H., Sauri, M., Z. Lebensm. Unters. Forsch., 1988, 187, 546-551.

[3-50] Kipper, L., Flemming, R., Fleischwirtschaft, 1989, 69, 1184-1190.

[3-51] Speer, K., Steeg, E., Horstmann, P., Kühn, T., Montag, A., J. High Resol. Chromatography, 1990, 13, 104-111.

[3-52] Boom, M.M., Intern. J. Environ. Anal. Chem., 1987, 31, 251-261.

[3-53] van der Stegen, G., van Overbruggen, G., A study on coffee roasting and 3,4-benzopyrene, ASIC, 10e Colloque, Salvador, 1982, S. 347-354.

[3-54] Ruschenburg, U., Jahr, D., *Cafe Cacao The*, **1986**, 3-6.
[3-55] Winnermark, L., *General foods study on trace contaminants in coffee and the effect of roasting methods,* Presented to Swedish National Food Administration, **1986**.
[3-56] Hischenhuber, C., Stijve, T., Deutsche Lebensmittel-Rundschau, **1987**, *83,* 1-4.
[3-57] Kruijf, N., Schouten, T., van der Stegen, G., J. Agric. Food Chem., **1987**, *35,* 545-549.
[3-58] Klein, H., Speer, K., Schmidt, E.H.F., Bundesgesundheitsblatt, **1993**, *36,* 98-100.
[3-59] Speer, K., Deutsche Lebensmittel-Rundschau, **1987**, *83,* 80-83.

4 Das Massenspektrometer als Detektor in der Kapillar-GC

Möglichkeiten der Elektronenstoß- (EI) und der chemischen Ionisierung (CI) bei der Kopplung mit der Kapillar-Gaschromatographie

Hans-Joachim Hübschmann

4.1 Klassische Detektoren versus Massenspektrometrie

Die klassischen Detektoren der Gaschromatographie wie Wärmeleitfähigkeitsdetektor (WLD) und Flammenionisations-Detektor (FID) liefern Resultate, die sich typischerweise zweidimensional als Retentionszeit und Peakfläche dem Chromatogramm entnehmen lassen. Zusätzliche Aussagen können über die selektiven elementspezifischen Detektoren wie Elektroneneinfang-Detektor (ECD), Stickstoff-Phosphor-Detektor (NPD), sauerstoffspezifischer FID (OFID) oder dem Atomemissions-Detektor (AED) erhalten werden. Die qualitative Analyse stützt sich damit ausschließlich *indirekt* auf die Ermittlung von Retentionsindices und deren Vergleich mit bekannten Standards.

Ein Polaritätswechsel der eingesetzten analytischen Trennsäule (Änderung des Kapazitätsfaktors k') dient in der Regel bei Übereinstimmung des erwarteten Retentionsverhaltens als zusätzliche Bestätigung. In der Praxis wird dies erreicht, indem die beiden unterschiedlich polaren Kapillaren gemeinsam in einen Injektor installiert werden und eine Paralleldetektion erfolgt. Mit einem geeigneten Chromatographie-Datensystem können die auf beiden Säulen unterschiedlichen Retentionsindices zur Identifizierung gemeinsam, gemäß einer vorangegangenen Kalibrierung, ausgewertet werden. Trotz der guten Aussagekraft bei Gemischen mit wenigen Komponenten bleibt gerade bei Vielkomponenten-Analysen (z. B. im Pflanzenschutzmittelbereich, bei Industrie-Lösemitteln) eine störende Quote von Überlappungen, die eine falsch positive Identifizierung ergeben können. Abhilfe leisten Detektionsverfahren, die eine *direkte* Relation zu den eluierenden Komponenten herstellen.

Direkte strukturbezogene Daten und damit substanzspezifische Resultate werden heute bei der Detektion in der Gaschromatographie ausschließlich mit dem Massenspektrometer erzielt. In der Kapillar-Gaschromatographie werden mit dem Massenspektrometer als Detektor fortlaufend die Massenspektren mit den „Retentionsdaten" aufgezeichnet. Die Abtastrate ist dabei so hoch, daß selbst schnellste, z. B. durch

Splitinjektion von LHKWs erzeugte Peaks sicher erfaßt und dargestellt werden. An jedem Punkt im Chromatogramm steht damit ein Massenspektrum zur weiteren Auswertung zur Verfügung.

Die massenselektive Detektion in Form der Einzelmassen-Registrierung ist in diesem Zusammenhang ein Sonderfall. Die Aufnahme von Einzelmassen-Spuren (SIM Selected Ion Monitoring, MID Multiple Ion Detection) reduziert das Massenspektrometer zum massenselektiven Detektor für einige wenige erwartete und vor der Analyse ausgewählte Verbindungen. Technische Ursache für diese Meßtechnik ist die mangelhafte Empfindlichkeit von Quadrupolsystemen bei der Aufnahme kompletter Massenspektren, die durch das Festlegen der Detektionsmasse(n) überwunden wird. Immer häufiger wird auch hier von falsch positiven Befunden in realen Proben berichtet. Selbst die Aufnahme von bis zu drei typischen Massen ist nicht immer ausreichend, um in der Spurenanalytik von matrixhaltigen Proben das Vorkommen bestimmter Wirkstoffe ausreichend abzusichern.

Durch die GC/MS-Kopplung mit Ion-Trap (Ionenspeicher)-Massenspektrometern werden Chromatogramme aufgezeichnet, die in bewährter Weise zur Auswertung über die Retentionsdaten herangezogen werden können. Darüber hinaus zeigen GC/MS-Analysen mit einem Ion-Trap-Detektor typischerweise an jeder beliebigen Stelle im Chromatogramm ein vollständiges, substanzspezifisches Massenspektrum. Dies ist gerade für die Rückstandsanalytik im Spurenbereich besonders wertvoll, da vor der GC/MS-Analyse keine Einschränkung auf die erwarteten Wirkstoffe notwendig wird, sondern alle in der Probe enthaltenen Komponenten mit ihren Spektren registriert werden. Ein Vergleich mit kommerziellen Spektrenbibliotheken (z.B. WILEY/NBS 5th Ed. mit über 146.000 Spektren und Strukturen) ist selbst in der Spurenanalyse möglich und liefert schnell eine sichere Aussage über die Identität einer fraglichen Komponente.

Quantitative Bestimmungen gewinnen in der GC/MS durch die Ausnutzung der substanzspezifischen Spektreninformation an Zuverlässigkeit. Bei der Datenaufnahme im Full-Scan-Modus wird zunächst an der kalibrierten Retentionszeit ein Spektrenvergleich durchgeführt, um die Identität der Substanzen festzustellen. Nur bei Identifizierung der erwarteten Komponente wird die Peakintegration wie gewohnt durchgeführt, jedoch sichert die MS-Detektion durch Ausnutzung selektiver Massenchromatogramme sogar bei Koelution von Komponenten eine störungsfreie Integration. Auf diese Weise kann ein ganzer Satz von Chromatogrammen automatisch nach Analysensubstanzen durchsucht und quantifiziert werden (target compound analysis). Die Berechnung von Gehalten erfolgt durch externe und interne Standardisierung, dem Standard-Additionsverfahren oder der 100%-Methode, die als gebräuchliche Berechnungsverfahren in den meisten Datensystemen realisiert sind.

Gerade im Bereich der Umweltanalytik, lebensmittelchemischer und toxikologischer Aufgabenstellungen hat sich heute die massenspektrometrische Detektion in Form der GC/MS-Kopplung als eigenständige Routinemethode mit hoher Aussagekraft und Nachweissicherheit etabliert. Die GC/MS-Kopplung, durch Aufnahme der kompletten Massenspektren, steht damit inzwischen der klassischen GC-Detektion und auch der MS-Detektion mit Einzelmassen-Registrierung als Absicherungs- und Referenzverfahren gegenüber.

4.2 Massenspektroskopie

Zur Kopplung mit der Kapillar-Gaschromatographie werden heute Massenspektrometer mit sehr unterschiedlicher Leistungsfähigkeit eingesetzt. Der detektierbare Massenbereich wird bereits durch den Einsatz der Gaschromatographie als Trennmethode weitgehend determiniert — die Substanzen müssen verdampfbar sein. Dagegen können Empfindlichkeit und Auflösungsvermögen der als Detektor eingesetzten Massenspektrometer erheblich variiert werden. Für bestimmte Aufgabenstellungen ist dies von großer Bedeutung. Als Auflösungsvermögen wird in der Massenspektroskopie die Fähigkeit eines Gerätes verstanden, eng benachbarte Massensignale (Ionen) nach ihrem m/z (Masse zu Ladung)-Verhältnis zu trennen. Zur Ermittlung der Auflösung ist die Art des Trennsystems zu berücksichtigen. Als *hochauflösend* wird heute meist ein Auflösungsvermögen verstanden, das C, H, N, O-Multipletts voneinander unterscheidet (Auflösung > 10.000), als *niedrigauflösend* dagegen versteht man die Trennung nach nominellen Massen (ganzen Massenzahlen, Einheitsmassenauflösung) [4-1].

4.2.1 Hochauflösende Massenspektrometer

Die Flugbahnen von Ionen unterschiedlicher m/z-Werte nehmen in doppelfokussierenden Sektorfeldgeräten durch Einfluß eines magnetischen und elektrischen Feldes einen unterschiedlichen Verlauf. Spaltsysteme blenden bestimmte Ionenbahnen aus bzw. durch die kontinuierliche Änderung von Geräteparametern z. B. der Beschleunigungsspannung können Massenspektren aufgezeichnet werden. Die Breite der Ionenstrahlen wird durch den Austrittsspalt an der Ionenquelle vorgegeben. Damit Ionen unterschiedlicher Masse nebeneinander registriert werden können, dürfen sich die Strahlen nicht oder nur wenig überlagern. Die Auflösung A benachbarter Signale wird bei Sektorgeräten berechnet nach:

$$A = \frac{m}{\Delta m}$$

mit m = Masse
Δm = Abstand zur Nachbarmasse

Entsprechend dieser Formel ist die Auflösung dimensionslos.

Welche massenspektroskopische Auflösung wird beispielsweise benötigt, um unterscheidbare Signale von Kohlenmonoxid (CO), Stickstoff (N_2) und Ethen (C_2H_4) zu erhalten? Diese können aus einer Probe über eine beliebige Einlaßleitung in die Ionenquelle eines Massenspektrometers gelangen. In Tab. 4-1 sind die exakten Massen und zugehörigen Nominalmassen dieser Verbindungen zusammengefaßt.

Tab. 4-1: Exakte Massen und Nominalmassen von CO, C_2H_4 und N_2.

Substanz	Nominalmasse	Exakte Masse
CO	m/z 28	m/z 27.994910
C_2H_4	m/z 28	m/z 28.006148
N_2	m/z 28	m/z 28.031296

Zur MS-Trennung von gleichzeitig auftretendem CO und N_2 wird entsprechend der oben angegebenen Formel ein Auflösungsvermögen von mindestens 2500 benötigt. Alle MS-Systeme mit geringerer Auflösung müssen sich durch eine gaschromatographische Auftrennung der Komponenten behelfen (CO, C_2H_4 und N_2 gelangen dann nacheinander in die Ionenquelle eines MS). Dies ist für alle Quadrupol- und Ion-Trap-Geräte der Fall.

Charakteristisch für ein Massenspektrum am Sektorfeldgerät ist eine konstante Auflösung A über den gesamten Massenbereich. Entsprechend der Auflösungsformel ist damit der Abstand der Massensignale Δm bei Wasser (m/z=17/18) deutlich größer als von Signalen im oberen Massenbereich. Die maximal erzielbare Auflösung charakterisiert das Spaltsystem und die Güte der Ionenoptik des Sektorfeldgerätes. Durch Bestimmung der exakten Masse kann bei genügender Präzision der Messung die Summenformel eines Molekülions (und von Fragment-Ionen) ermittelt werden.

Die GC/MS-Kopplung mit hochauflösenden, doppelfokussierenden Sektorfeld-Massenspektrometern ist speziellen Analysensituationen vorbehalten. Die hohe Selektivität der Detektion präziser Massen (SIM/MID-Modus) ist erforderlich, um falsch positive Ergebnisse auszuschließen, die durch den Einsatz niedrigauflösender Massenspektrometer zu erwarten wären. Erst die Hochauflösung der Sektorfeldgeräte ermöglicht z. B. die Registrierung der exakten Masse des 2,3,7,8-TCDD bei m/z 321.8937 statt der Nominalmasse m/z 322 − und blendet damit die bekannten Störeinflüsse aus. Als Resultat werden äußerst niedrige Nachweisgrenzen unter 10 fg erzielt und die für wichtige Entscheidungen erforderliche Sicherheit erreicht. Die Hochauflösung wird deshalb auch weiterhin zur Absicherung positiver Screeningresultate benötigt.

4.2.2 Niedrigauflösende Massenspektrometer

Ein Massenspektrum an Quadrupol- oder Ion-Trap-Massenspektrometern zeigt eine andere Charakteristik. Der Abstand zweier Massensignale Δm ist über den gesamten Massenbereich konstant! Es ist dabei unerheblich, wie groß der registrierbare Massenbereich ist. Also ist der Wasser-Peak ($m/z = 17/18$) hier gleich breit und gut voneinander getrennt wie die Massen im oberen Massenbereich.

Nach der Formel $A = m/\Delta m$ mit Δm = konstant wäre bei diesen niedrigauflösenden Geräten die Folge, daß die Auflösung A direkt proportional zu m, dem Massenbereich, ist. Bei einem Peakabstand von regulär einer Masseneinheit wäre das Auflösungsvermögen im unteren Massenbereich klein (z.B. bei Wasser $A \approx 18$) und im oberen Massenbereich größer. Die Formel $A = m/\Delta m$ liefert deshalb für Quadrupole und Ion-Trap-Geräte keine aussagefähigen Zahlen und ist deshalb nicht anwendbar. Die optische, am Schirm sichtbare Auflösung ist im oberen wie unteren Massenbereich gleich. Dieses Auflösungsvermögen, das konstant über den Massenbereich ist, wird geräteseitig durch den Hersteller eingestellt und ist bei allen Typen und Herstellern gleich. Die Peakbreite wird so eingestellt, daß der Abstand zweier benachbarter Nominalmassen-Signale eine Masseneinheit (1 u = 1000 mu) mit einem Tal zwischen den Signalen von maximal 10% entspricht. Eine Hochauflösung im Sinne der Sektorfeldgeräte ist für Quadrupole physikalisch unmöglich und bei Ion-Traps gerade erst im Entwicklungsstadium.

Bei Quadrupol- und Ion-Trap-Geräten funktionieren die Analysator-Typen auf Basis der gleichen mathematischen Grundlagen (Paul/Steinwedel, Bonn 1954) und haben deshalb die gleichen Auflösungseigenschaften. Das praktisch erzielbare, über den gesamten Massenbereich konstante Auflösungsvermögen wird deshalb „Einheitsmassenauflösung" genannt.

Völlig von der Auflösung getrennt ist die Beschriftung von Linienspektren auf dem Schirm zu betrachten. Ein Massenpeak unter Einheitsmassenauflösung hat eine Basisbreite per Definition von einer Masseneinheit oder 1000 mu. Die Lage der Peakspitze kann genau berechnet werden. Die gelegentlich zu findende Angabe von 1/10-Masseneinheiten täuscht jedoch das Vorhandensein einer höheren als der Einheitsmassenauflösung vor. Gleichzeitig auftretende Komponenten mit Signalen unterschiedlicher exakter Masse, aber gleicher Nominalmasse, wie diese selbst in der GC/MS durch Koeluate, Matrix, Säulenbluten, etc. verursacht sind, können durch das Auflösungsvermögen des Quadrupol- oder Ion-Trap-Analysators nicht voneinander getrennt werden (siehe Tab. 4-1: N_2, CO, C_2H_4). Die Lage des Massenschwerpunktes (=Centroide) weist durch Überlagerung von Matrix und anderen Komponenten einen völlig uninterpretierbaren Wert auf. Auf keinen Fall ist hier die Grundlage zur Berechnung einer möglichen Summenformel gegeben! Je nach Hersteller kann die Beschriftung der Spektren von reinen Nominalmassen bis hin zur Angabe von sogar mehreren Nachkommastellen reichen und meist vom Benutzer geändert werden.

Jedes MS-Datensystem benutzt zur internen Verarbeitung bei der Untergrund-Subtraktion und Bibliothekssuche ebenfalls ganzzahlige Massenspektren (Nominalmassen). Die Spektren aller MS-Bibliotheken enthalten ebenfalls ganze Massenzahlen.

Niedrigauflösende Massenspektrometer als Detektor in der Gaschromatographie haben bekanntermaßen einen sehr großen Einsatzbereich. Die Detektion eignet sich praktisch für die gesamte organische Analytik. Die hohe Empfindlichkeit und große Aussagekraft der Massenspektren begründen den universellen Einsatz der GC/MS-Analysengeräte.

4.3 Ionisierungsverfahren

Die Fused-Silica-Kapillarsäulen enden heute bei allen GC/MS-Geräten direkt oder über eine offene Kopplung an der Ionenquelle. Die zur Detektion notwendige Ionisierung liefert für jede Substanz typische Molekül- und Fragment-Ionen. Die qualitative und quantitative Zusammensetzung der Ionen ist im registrierten Massenspektrum abzulesen. In charakteristischer Weise spiegelt sich die Entstehung des Spektrums aus der Struktur und natürlich die Substanzidentität wider.

4.3.1 Elektronenstoß-Ionisierung

Bei GC/MS-Geräten ist die Ionisierung durch Elektronenstoß (electron impact, EI) als Standardverfahren zu finden. Die Ionisierungsenergie von 70 eV ist heute bei allen kommerziellen Geräten gleichermaßen gewährleistet. Nur noch wenige Tischgeräte lassen dem Benutzer die Wahl der Ionisierungsenergie für spezielle Einsatzbereiche offen. Insbesondere bei Sektorfeldgeräten wurde die durch Absenken der Ionisierungsenergie auf ca. 15 eV mögliche Aufnahme von EI-Spektren mit hohem Anteil von Molekularinformation (low energy spectra) häufig benutzt. Diese Arbeitstechnik ist seit der Einführung der chemischen Ionisierung zunehmend abgelöst worden.

Der Ionisierungsprozeß der Elektronenstoß-Ionisierung kann durch ein Wellenmodell ebenso wie durch ein Korpuskelmodell verstanden werden. Die heute gültige Theorie geht von der Wechselwirkung der energiereichen Elektronenstrahlung mit den äußeren Elektronen eines Moleküls aus. Die Aufnahme von Energie führt dabei durch Abspaltung eines Elektrons zunächst zur Bildung eines Molekülions M^+. Dieses Molekülion besitzt ein ungepaartes Elektron, ist also ein Radikal-Ion. Die überschüssige Energie führt zur Rotation und zu Schwingungen von Liganden des Moleküls. Vom Ausmaß der Überschußenergie und der Fähigkeit eines Moleküls, sich zu stabilisieren, sind die Folgeprozesse der Fragmentierung abhängig [4-2].

Die zur Ionisierung organischer Moleküle notwendige Energie ist im Vergleich zur effektiv aufgewandten Energie von 70 eV eher niedrig einzustufen und liegt meist unter 13 eV. Der seit vielen Jahren gefestigte Standard von 70 eV Ionisierungsenergie zielt neben der Optimierung der Signalintensität ebenso wesentlich auf die Vergleichbarkeit von Massenspektren ab. Bei einer Ionisierungsenergie von 70 eV bleibt (unter der Annahme der maximalen Energieübertragung) ein Vielfaches der zur primären Ionisierung zu M^+ nötigen Energie als Überschußenergie im Molekül. Als Folge setzen intensive Fragmentierungsreaktionen ein und verringern das Vorkommen von M^+-Ionen im Ionisierungsbereich (Ionenquelle). Gleichzeitig nimmt die Bildung von stabilen Fragment-Ionen zu.

Die sich abspielenden Fragmentierungs- und Umlagerungsvorgänge sind heute weitestgehend bekannt. Die Fragmentierungsregeln dienen zur manuellen Interpretation von Massenspektren oder auch zur Identifizierung unbekannter Substanzen. Das Massenspektrum ist sozusagen die quantitative Registrierung des Ionisierungsprozesses durch das Analysatorsystem.

Das Massenspektrum wird graphisch als Liniendiagramm dargestellt. In der Horizontalen wird die Massenzahl, genauer das Verhältnis von Masse zu Ladung m/z aufgetragen. Da in der GC/MS bis auf wenige meist bekannte Ausnahmen (z. B. PAK) mit einfach positiv geladenen Ionen zu rechnen ist, wird diese Achse umgangssprachlich als Massenskala bezeichnet und gibt die Masse eines Ions an. Die Intensitätsskala in der Vertikalen zeigt die Häufigkeit des Auftretens eines Ions unter den gewählten Ionisierungsbedingungen an. Die Skalierung wird meist prozentual auf den Basispeak (100%-Intensität) bezogen oder auch in gemessenen Intensitätswerten (counts) angegeben.

Bei der Fragmentierung oder Umlagerung eines Molekülions M^+ (es trägt lediglich eine Ladungseinheit) werden auch Neutralteilchen abgespalten. Der Analysator kann diese ungeladenen Teilchen nicht registrieren. Allerdings offenbart die Differenz zwischen Molkül-Ion und Fragment-Ion (bzw. Vorläufer-Fragment) die Masse dieser Neutralteilchen.

Der Betrieb mit Elektronenstoß-Ionisierung (EI) erzeugt bei den Ion-Trap-Geräten durch einen schaltbaren Elektronenstrahl solange Ionen, bis das Speichervermögen des Analysators erreicht ist und das Massenspektrum registriert wird [4-3]. Der Zeitbedarf zur Aufnahme eines kompletten Massenspektrums liegt lediglich im Millisekunden-Bereich. Diese Arbeitsweise ermöglicht, daß selbst im untersten Spurenbereich komplette Massenspektren detektiert werden.

Als Beispiel sei hier die Untersuchung von Zitronen auf Phosphorsäure-Ester angeführt [4-4]. Eine typische GC-Spur des Aufarbeitungsextraktes ist in Abb. 4-1 dargestellt. Der eingesetzte NPD-Detektor liefert ein peakarmes, „sauberes" Chromatogramm mit dem internen Standard als Hauptkomponente. Mit nur wenig geringerer Intensität wird ein Wirkstoff detektiert, der durch seine Retentionszeit von 22.85 min als Quinalphos identifiziert wird. Der Peak steht frei von Überlagerungen da, die Analyse scheint damit einen sicheren Abschluß gefunden zu haben.

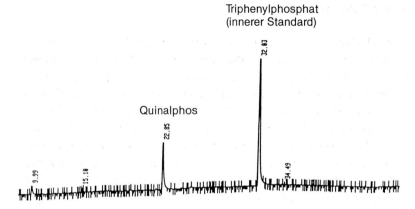

Abb. 4-1: Analyse auf Phosphorsäure-Ester, NPD-Spur mit Quinalphos-Peak und internem Standard Triphenylphosphat.

Die Routineüberprüfung mit dem Ion-Trap-GC/MS-System in Abb. 4-2 zeigt ein anderes Bild. Eine Fülle von Matrixpeaks begleiten den fraglichen Retentionsbereich. Der Quinalphos-Peak weist an der linken Flanke eine Schulter auf und ist dicht gefolgt von einer geringer intensiven Komponente. Das Peakspektrum kann nach Abzug der Flankenanteile über den Bibliotheksvergleich als Quinalphos bestätigt werden. Die genaue Untersuchung der Massenspektren deckt an dieser Stelle die Koelution mit einem zweiten Wirkstoff auf, der bei der NPD-Analyse verborgen blieb (siehe hierzu Abschn. 4.5.1.2). Hier zeigt sich die Leistungsfähigkeit der Registrierung von vollständigen Massenspektren mit dem Ion-Trap Analysator. Im Totalionenstrom-Chromatogramm werden alle von der Trennsäule eluierenden Pflanzenschutzmittel angezeigt und können über das Massenspektrum zweifelsfrei identifiziert werden.

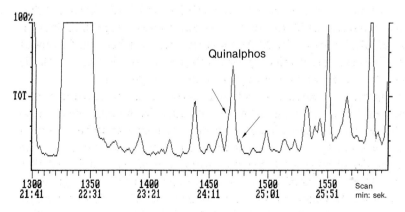

Abb. 4-2: Analyse auf Phosphorsäure-Ester, Ion-Trap-GC/MS-Spur mit Quinalphos-Peak bei Scan 1469.

4.3.2 Chemische Ionisierung

Beim Einsatz des EI-Modus gibt es dennoch Grenzen in der Praxis. Komplexere Moleküle fragmentieren oft zu sehr kleinen Bruckstücken. Molekülionen werden nur bei stabilen Strukturen beobachtet (z. B. PCBs, PAKs); sie sind aber zwingend zur Bestätigung der vermuteten Sruktur nötig, denn auch „verwandte" Verbindungen erzeugen eventuell die gleichen Bruchstücke. Häufig ist das Molekülion nur in geringer Intensität vorhanden und bei geringen Probemengen meist nur schwer aus dem Rauschen (Matrix) isolierbar, oder es fragmentiert völlig und wird im Spektrum nicht registriert. Bei der quantitativen Analyse kann es auftreten, daß eine vorgewählte spezifische Quantifizierungsmasse bei matrixhaltigen Proben plötzlich im chemischen Rauschen liegt. Häufig ist dann eine Integration des Peaks wegen einem geringen Signal/Rausch-Verhältnis nur unzureichend möglich oder gar völlig gestört.

Die chemische Ionisierung (CI) verschafft bei diesen Schwierigkeiten Abhilfe. Durch die Verwendung eines Reaktantgases (z. B. Methan, Methanol, iso-Butan, Ammoniak) wird weniger Energie zur Ionisierung zugeführt. Es entstehen stabile Molekülionen, die mit hoher Intensität zu detektieren sind.

Bei umweltrelevanten, toxikologisch oder pharmakologisch wirksamen Substanzen sind vielfach polare Gruppen oder eine mehrfache Substitution mit Halogenen zu beobachten. Diese Strukturelemente können durch Protonierung oder Elektronenanlagerung selektiv bei der CI ausgenutzt werden [4-7].

Als Beispiel ist in Abb. 4-3 das EI- und CI-Spektrum des Phosphorsäure-Esters Tolclofos-Methyl dargestellt. Der Basispeak im EI-Spektrum zeigt über das Isotopenmuster *ein* Cl-Atom an. Eine Methylabspaltung führt zu m/z 250. Ist m/z 265 die nominelle Molekülmasse?

Das CI-Spektrum ergibt als protoniertes Ion m/z 301, damit könnte das nominelle Molekulargewicht 300 u betragen. Deutlich weist das Isotopenmuster auf *zwei* Cl-Atome hin. Mit diesen Informationen ergänzen sich EI- und CI-Spektrum. Offensichtlich fragmentiert Tolclofos-Methyl im EI vollständig unter Abspaltung eines Cl-Atoms zu m/z 265 als (M-35)$^+$, das Molekülion ist nicht zu sehen. Im CI-Modus dagegen unterbleibt diese Fragmentierung. Die Anlagerung eines Protons erhält die vollständige Struktur unter Bildung des Quasimolekülions (M+H)$^+$.

Der Begriff *chemische Ionisierung* umfaßt im Gegensatz zur Elektronenstoß-Ionisierung alle weichen Ionisierungstechniken, die unter Vermittlung eines Reaktantgases und dessen Reaktantionen in Form einer exothermen chemischen Reaktion in der Gasphase ablaufen [4-7]. Als Produkte entstehen stabile positive oder negative Ionen. Das Prinzip der chemischen Ionisierung wurde von Munson und Field 1966 zuerst beschrieben [4-8]. Die chemische Ionisierung wendet erheblich weniger Energie zur Ionisierung des Moleküls M auf. Die CI-Spektren weisen deshalb weniger oder keine Fragmente auf und geben daher in der Regel eine klare Information über das Molekulargewicht.

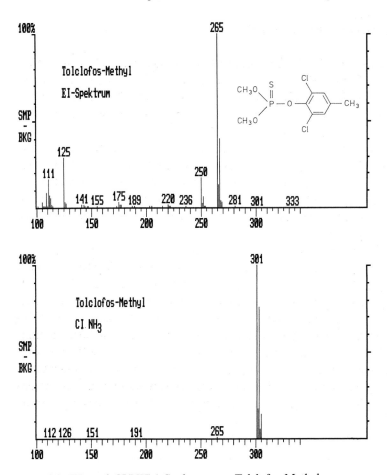

Abb. 4-3: EI- und CI(NH₃)-Spektren von Tolclofos-Methyl.

Der Einsatz der chemischen Ionisierung ist bei der Strukturaufklärung, der Bestätigung oder Ermittlung von Molekulargewichten hilfreich, aber auch bei der Aufklärung signifikanter Unterstrukturen (Baugruppen). Durch Ausnutzung der CI-Reaktionen bestimmter Reaktantgase kann in die massenspektrometrische Detektion eine zusätzliche Selektivität eingeführt werden, z. B. die Anzeige von Wirkstoffen bei transparenter Kohlenwasserstoff-Matrix. Quantifizierungen können selektiv, sehr empfindlich und durch die Wahl einer Quantifizierungsmasse im Molekulargewichtsbereich ungestört von der niedermolekularen Matrix durchgeführt werden. Das Spektrum der analytischen Möglichkeiten ist nicht auf die dargestellten Basisreaktionen begrenzt. Vielmehr öffnet sich ein weites Feld organisch-chemischer Reaktionen in der Gasphase.

4.3.2.1 Prinzip der chemischen Ionisierung

Zwei Reaktionsschritte sind bei der chemischen Ionisierung nötig (Abb. 4-4). In einer *Primärreaktion* wird unter Elektronenbeschuß aus dem eingeleiteten Reaktantgas ein stabiles Cluster (Ansammlung) von Reaktantionen erzeugt. Das Reaktantgas-Cluster ist in der Zusammensetzung typisch für das eingesetzte Reaktantgas. Da im Ion-Trap-Analysator nur eine äußerst geringe Gasmenge von nur ca. 10^{-5} Torr Partialdruck des CI-Gases erforderlich ist, wird das Cluster auf dem Instrument-control-Bildschirm zur Einstellung angezeigt. Bei Quadrupol- und Sektorfeldgeräten wird unter Verwendung einer speziellen Ionenquellen-Konstruktion ein Reaktantgas-Druck von ca. 1 Torr eingestellt. In einer *Sekundärreaktion* setzen sich die Moleküle M des GC-Eluates mit den Ionen des Reaktantgas-Clusters um. Die ionischen Reaktionsprodukte werden erfaßt und als CI-Spektrum abgebildet.

Die Sekundärreaktion bestimmt wesentlich das Aussehen des CI-Spektrums. Ausschließlich exotherme, freiwillig ablaufende Reaktionen liefern CI-Spektren. Im Falle der Protonierung bedeutet dies (Abb. 4-4), daß die Protonenaffinität PA von M höher als die PA von R dem Reaktantgas sein muß. Durch die Wahl des Reaktantgases R wird damit das Ausmaß der freiwerdenden und auf das Molekül M übertragbaren Energie bestimmt. Dies bestimmt wiederum das Ausmaß der anschließend möglichen Fragmentierung. Auch die Frage der Selektivität wird durch die Wahl des Reaktantgases beantwortet. Falls PA(R) > PA(M) ist, tritt keine Protonierungsreaktion ein. Eine derartige Selektivität kann beispielsweise bei Verwendung von Ammoniak ausgenutzt werden. Die häufig auftretende unerwünschte Probenmatrix aus Kohlen-

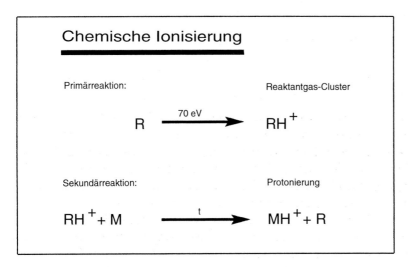

Abb. 4-4: Die Primär- und Sekundärreaktion bei der chemischen Ionisierung (Protonierungsreaktion).

wasserstoffen bleibt mit Ammoniak als Reaktantgas transparent, während Wirkstoffe wie z. B. Pflanzenschutzmittel mit hohem Signal/Rausch-Verhältnis angezeigt werden.

Eine Vielzahl unterschiedlicher Reaktionstypen lassen sich für die chemische Ionisierung ausnutzen. Zur Bildung von positiven Ionen haben vier Reaktionstypen wesentliche Bedeutung. Der Ablauf der CI-Reaktion erfolgt nach dem Zusammentreffen der Reaktionspartner zunächst über die Bildung des Übergangskomplexes $M \cdot R^+$. Die Weiterreaktion oder das Erhaltenbleiben des Übergangskomplexes unterscheidet die im folgenden dargestellten Reaktionstypen.

Die Bildung negativer Ionen erfolgt meist auf zwei sehr unterschiedliche Arten. Auf dem Wege einer chemischen Reaktion kann sich ein negativ geladenes Quasimolekülion $(M-H)^-$ bilden oder durch Anlagerung von Elektronen kann ein negatives Molekülion M^- entstehen. Letzteres ist der Funktionsweise eines ECD vergleichbar. Weitere Reaktionswege haben in der analytischen Praxis nur geringe Bedeutung.

4.3.2.1.1 Protonenübertragung (Protonierung)

Die Protonierungsreaktion ist die in der positiven chemischen Ionisierung am häufigsten ausgenutzte Umsetzung. Die Protonierung führt zur Bildung des Quasimolekülions $(M+H)^+$, das weiter fragmentieren kann:

$$M + RH^+ \longrightarrow M + H^+ + R$$

Als protonierende Reaktantgase werden üblicherweise Methan, Wasser, Methanol, Iso-Butan oder Ammoniak eingesetzt (Tab. 4-2). Methanol nimmt eine Mittelstellung in bezug auf Fragmentierung und Selektivität ein, Methan ist als „hartes" CI-Gas weniger selektiv. Typische „weiche" CI-Gase sind Iso-Butan und Ammoniak, wobei sich gerade bei Ion-Trap-Spektrometern Ammoniak sehr bewährt hat. Störende $(NH_3)_x \cdot NH_4^+$-Cluster, wie diese bei den höheren Druckbedingungen in Quadrupol- und Sektorfeld-Spektrometern auftreten, werden nicht beobachtet.

Die durch Protonierung erhaltenen CI-Spektren zeigen durchweg die Quasimolekülionen $(M+H)^+$. Mögliche Fragmentierungen haben das $(M+H)^+$-Ion als Aus-

Tab. 4-2: Reaktantgase für Protonierungsreaktionen (nach H. Budzikiewicz, Massenspektrometrie, VCH 1992, [4-1]).

Gas	Reaktantion	PA kJ/mol
H_2	H_3^+	422
CH_4	CH_5^+	527
H_2O	H_3O^+	706
CH_3OH	$CH_3OH_2^+$	761
$i\text{-}C_4H_{10}$	$t\text{-}C_4H_{10}^+$	807
NH_3	NH_4^+	840

gang. So wird sich zum Beispiel eine Wasserabspaltung als M-17 im Spektrum zeigen, entstanden aus $(M+H)^+ - H_2O$!

Eine Bestätigung für das Quasimolekülion wird häufig durch ein geringes Auftreten von Anlagerungsprodukten des Reaktantgases erlangt, z.B. bei Methan kann neben $(M+H)^+$ auch $(M+29)^+$ und $(M+41)^+$ auftreten (siehe Methan), bei Ammoniak tritt neben $(M+H)^+$ mit wechselnder Intensität $(M+18)^+$ auf (siehe Ammoniak).

4.3.2.1.2 Hydrid-Abstraktion

Bei dieser Reaktion wird ein Hydrid-Ion vom wasserstoffhaltigen Molekül M auf das Reaktantion R^+ übertragen:

$$M + R^+ \longrightarrow RH + (M-H)^+$$

Beispielsweise wird dieser Vorgang bei der Verwendung von Methan beobachtet, indem das im Methan-Cluster enthaltene $C_2H_5^+$-Ion (m/z 29) Hydrid aus Alkyl-Ketten abstrahiert.

4.3.2.1.3 Ladungsaustausch

Die Ladungsaustausch-Reaktion bildet ein Molekülion mit verminderter Elektronenzahl. Dementsprechend ist die Fragmentierung qualitativ mit einem EI-Spektrum vergleichbar. Das Ausmaß der Fragmentierung wird durch das Ionisierungspotential IP des Reaktantgases bestimmt.

$$M + R^+ \longrightarrow R + M^+$$

Die Ionisierungspotentiale der meisten organischen Verbindungen liegen unterhalb von 13 eV. Durch Wahl des Reaktantgases (Tab. 4-3) kann das Auftreten einer Fragmentierung vom einzelnen Molekülion im Spektrum bis hin zu EI-ähnlichen Spektren variiert werden. Gebräuchliche Reaktantgase sind Benzol, Stickstoff, Kohlenmonoxid, Stickstoffmonoxid oder Argon.

Tab. 4-3: Reaktantgase zum Ladungsaustausch
(nach H. Budzikiewicz, Massenspektrometrie, VCH 1992, [4-1]).

Gas	Reaktantion	IP eV
C_6H_6	$C_6H_6^+$	9,3
Xe	Xe^+	12,1
CO_2	CO_2^+	13,8
CO	CO^+	14,0
N_2	N_2^+	15,3
Ar	Ar^+	15,8
He	He^+	24,6

Bei Verwendung von Methan können insbesondere bei Molekülen mit niedrigen Protonenaffinitäten überlagerte Ladungsaustausch-Reaktionen beobachtet werden. Typische Verbindungsklassen sind chlorierte Pflanzenschutzmittel wie Lindan, Heptachlor, Endosulfan etc. und auch aromatische chlorierte Verbindungen wie PCBs.

4.3.2.1.4 Adduktbildung

Falls der eingangs beschriebene Übergangskomplex $(MR)^+$ nicht dissoziiert, wird er im Spektrum sichtbar:

$$M + R^+ \longrightarrow (M + R)^+$$

Dieser Effekt dient weniger einer zielgerichteten analytischen Ausnutzung. Die verstärkte Bildung von Addukten wird stets bei Protonierungsreaktionen beobachtet, bei denen die Protonenaffinitäten der beteiligten Komponenten nur geringfügig verschieden sind. Hoher Reaktantgasdruck begünstigt den Effekt durch Kollisionsstabilisierung.

Häufig wird ein $(M + R)^+$-Ion nicht sofort erkannt, aber es liefert — wenn erkannt — ebenso wertvolle Information wie ein durch Protonierung entstandenes Quasimolekülion. Clusterionen dieser Art stören jedoch gelegentlich die Spektreninterpretation, insbesondere, wenn vom Übergangskomplex nicht vordergründig erkennbar Neutralteilchen abgespalten werden.

4.3.2.1.5 Elektronenanlagerung

Die Anlagerung von Elektronen an elektronegative Verbindungen ist in der klassischen GC-Detektion vom ECD (electron capture detector) bekannt. Vergleichbare Vorgänge und Einsatzüberlegungen gelten für die Anlagerung von Elektronen in der Ionenquelle eines Massenspektrometers.

$$M + e^- \longrightarrow M^-$$

Durch den Einsatz eines Reaktantgases werden Elektronen bei hohem Druck mit einer kinetischen Energie von nahe 0 eV erzeugt. Häufig wird Methan bei einem Quellendruck von ca. 1 Torr eingesetzt. Diese „thermischen" Elektronen können von Verbindungen mit hoher Elektronegativität angelagert und das gebildete, negativ geladene Molekülion durch Kollision mit neutralen Reaktantgas-Molekülen stabilisiert werden [4-9].

Durch die notwendige Bereitstellung einer hohen Population von thermischen Elektronen bleibt diese Ionisierungsart auf die spezielle Ionenquellen-Konstruktion von Quadrupol- und Sektorenfeldgeräten beschränkt. Ion-Trap-Geräte bieten heute keine Möglichkeit einer entsprechenden Betriebsweise.

Die Praxis der Ionisierung durch Elektronenanlagerung hat gezeigt, daß lediglich bestimmte Substanzen vorteilhaft detektiert werden können. Grundsätzlich erfaßbar sind alle Verbindungen, die entweder Halogene, Nitro-, Keto-, Methoxy- oder andere elektronenanziehende funktionelle Gruppen enthalten. Im Vergleich zur EI-Ionisierung ist jedoch eine Response-Steigerung erst ab sechs Cl-Atomen im Molekül zu beobachten und die erreichbaren Nachweisgrenzen für geringer halogenierte Komponenten werden verschlechtert. Für die Analytik der TCDDs/TCDFs (Tetrachlordibenzodioxine/-furane) hat sich deshalb die EI-Ionisierung durchgesetzt.

Von erheblichem Nutzen dagegen ist die hohe Selektivität des Verfahrens, die, analog zum ECD, selbst starke Verunreinigungen eines Probenextraktes z. B. durch Kohlenwasserstoffe transparent erscheinen läßt.

4.3.2.1.6 Protonenabstraktion

Durch Umsetzung mit Reaktantionen, die von einem aziden Probenmolekül ein Proton abstrahieren, werden negativ geladene Quasimolekülionen gebildet.

$$M + R^- \longrightarrow RH + (M-H)^-$$

Als Reaktantionen können beispielsweise OH^--Ionen eingesetzt werden, die aus einem Reaktantgas-Gemisch von CH_4 und N_2O entstehen. Diese äußerst selektive Reaktion kann überall dort eingesetzt werden, wo leicht zugängliche azide Wasserstoffe in einer Wirkstoff-Struktur vohanden sind, z. B. phenolische OH-Gruppen, Keto-Enol-Tautomerien u. a.

4.3.2.2 Reaktantgas-Systeme

4.3.2.2.1 Methan

Eines der am längsten bekannten und am besten studierten Reaktantgase ist Methan. Als „hartes" Reaktantgas ist es in den meisten analytischen Bereichen von „weicheren" Gasen verdrängt worden.

Das Reaktantgas-Cluster des Methans entsteht durch eine mehrstufige Reaktion, die zwei dominante Reaktantgasionen m/z 17 und 29 bildet; eine dritte Spezies von m/z 41 tritt mit geringerer Intensität auf:

$$CH_4 \text{ bei } 70 \text{ eV} \longrightarrow CH_4^+, CH_3^+, CH_2^+, \text{ u.a.}$$

$$
\begin{aligned}
CH_4^+ + CH_4 &\longrightarrow CH_5^+ + CH_3 & 50\% \\
CH_3^+ + CH_4 &\longrightarrow C_2H_5^+ + H_2 & 48\% \\
CH_2^+ + CH_4 &\longrightarrow C_2H_3^+ + H_2 + H\cdot & \\
C_2H_3^+ + CH_4 &\longrightarrow C_3H_5^+ + H_2 & 2\%
\end{aligned}
$$

Gute CI-Bedingungen werden bei Erreichen des Verhältnisses von m/z 17 zu 16 von 10:1 beschrieben. Die Druckeinstellung des Methans ist erfahrungsgemäß dann richtig, wenn die Ionen m/z 17 und 29 dominant heraustreten und bei guter Auflösung etwa gleiche Höhe erreichen. Auch das Ion m/z 41 sollte mit geringer Intensität im Cluster erkennbar sein.

Einsatzbereiche des Methans sind im wesentlichen Protonierungsreaktionen und zu einem geringen Anteil auch Ladungsaustausch-Prozesse. Bei Substanzen geringer Protonenaffinität ist Methan häufig die „letzte" Möglichkeit CI-Spektren zu erfassen. Die durch das Methan-Cluster gebildeten Addukt-Ionen $(M+C_2H_5)^+ = (M+29)^+$ und $(M+C_3H_5)^+ = (M+41)^+$ bieten eine gute Absicherung der Molmassen-Interpretation.

4.3.2.2.2 Methanol

Der geringe Dampfdruck macht Methanol für die CI an Ion-Trap-Geräten ideal einsetzbar. Es werden keine Druckregler, keine Gas-Flaschen und kein langes Leitungssystem benötigt. Der Anschluß eines Glaskölbchens mit Methanol direkt an die entsprechende CI-Zuführung ist ausreichend. Methanol p.a. steht in jedem Labor bereit. Der geringe Dampfdruck des Methanols schließt die Anwendung bei Quadrupol- und Sektorfeldspektrometern aus, weil diese Geräte einen deutlich höheren Druck (ca. 1 Torr) zur Versorgung der speziellen CI-Ionenquelle benötigen.

Als Reaktantion wird $(CH_3OH \cdot H)^+$ gebildet (Abb. 4-5), das bei guter Auflösung auf eine hohe Intensität eingestellt wird. Das Auftreten eines Peaks bei m/z 47 zeigt das Dimer nach Wasserabspaltung (Dimethylether) an, das sich bei ausreichend hoher Methanolkonzentration bildet. Es ist für die Funktion als protonierendes CI-Gas entbehrlich.

Der Einsatzbereich des Methanols ist typischerweise die Protonierung. Ein weites Spektrum von Verbindungsklassen wird durch Methanol aufgrund seiner mittleren Protonenaffinität erfaßt. Es eignet sich deshalb gut zu einer ersten CI-Messung von bislang nicht untersuchten Verbindungen. Die mittlere Protonenaffinität des Methanols liefert keine ausgeprägte Selektivität, Substanzen mit überwiegendem Alkyl-Charakter bleiben jedoch transparent. Auftretende Fragmentierungen sind von geringer Intensität.

4.3.2.2.3 Iso-Butan

Die chemische Ionisierung mit iso-Butan ist ebenso wie die mit Methan seit Jahren bekannt.

Im Reaktantgas-Cluster werden tertiär-Butyl-Kationen m/z 57 gebildet, die für den „weichen" Charakter des Reaktantgases verantwortlich sind. Der Einsatzbereich

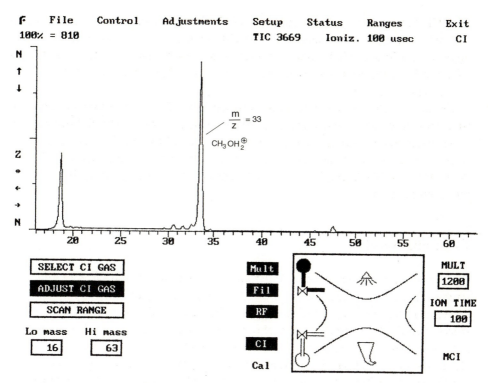

Abb. 4-5: Reaktantgas-Einstellung Methanol am MAGNUM Ion-Trap-System.

umfaßt Protonierungsreaktionen von multifunktionellen und polaren Verbindungen. Bewährt hat sich iso-Butan auch zur Analyse von silylierten Derivaten. Die Selektivität von iso-Butan ist hoch, Fragmentierungen treten nur untergeordnet auf.

4.3.2.2.4 Ammoniak

Ammoniak ist als sehr „weiches" Reaktantgas zur Protonierung bekannt. Dementsprechend hoch ist die Selektivität, was in der Rückstandsanalytik vieler Wirkstoffe gerne genutzt wird. Fragmentierungsreaktionen treten bei der Ammoniak-CI nur in geringem Umfang auf (siehe Abb. 4-3).

Im Reaktantgas-Cluster des Ammoniaks bildet sich in Ion-Trap-Geräten ausschließlich das Ammonium-Ion NH_4^+ der Masse m/z 18. Eine Adduktbildung mit NH_4^+ kann bei Substanzen auftreten, die sich in der Protonenaffinität vom NH_3 nur gering unterscheiden. Entsprechende Signale können zur Bestätigung der Molmassen-Interpretation dienen.

Die Bildung und Anlagerung höherer $(NH_3)_n \cdot NH_4^+$-Cluster, wie dies von Quadrupol- und Sektorfeldgeräten mit Quellendrücken um 1 Torr bekannt ist und dort Interpretation wie Quantifizierung beeinträchtigen kann, wird bei Ion-Trap-Spektrometern nicht beobachtet.

4.3.3 Aspekte zum Umschalten zwischen EI/CI

Der Nutzen der Chemischen Ionisierung läßt sich sehr gut am Beispiel der Analyse von Pflanzenschutzmitteln feststellen. Die ausgesprochen vielfältige Fragmentierung vieler für die Rückstandsanalytik relevanter Wirkstoffe, z.B. der an funktionellen Gruppen reichen Pflanzenschutzmittel, führt in der Regel zum völligen Verlust der Molekularinformation im EI-Spektrum. Die Aufnahme der CI-Spektren hingegen liefert eindeutig die Aussage über das Molekulargewicht. Die Kombination von EI- und CI-Information erlaubt es, Substanzen zu identifizieren und einem bisher unbekannten GC-Peak zuzuordnen.

Darüber hinaus liefert der Einsatz der chemischen Ionisierung dem Analytiker bei der Sicherung der erforderlichen Nachweisgrenze und der quantitativen Bestimmung weitere Vorteile. Die bereits angesprochene reichhaltige Fragmentierung der Pflanzenschutzmittel verteilt den vorhandenen Totalionenstrom auf eine Vielzahl unterschiedlicher Molekülbruchstücke, die jeweils für sich genommen, sich von der Matrix abheben müssen, um detektiert werden zu können. Die chemische Ionisierung konzentriert die den Detektor erreichende Substanzmenge auf nur wenige Spezies, in der Regel einzig auf das Molekül- bzw. Quasimolekülion, was in der Praxis eine merkliche Verbesserung der Nachweisgrenze zur Folge hat.

Der Effekt wird beim Einsatz des Ion-Trap-Analysators durch die Ausnutzung der gesamten Speicherkapazität nur für dieses $M^+/(M+H)^+$-Spezies unterstützt. Im EI-Betrieb dagegen teilen sich alle gebildeten Fragmente die identische Kapazität. Quadrupol- und Sektorfeldgeräte nutzen im CI-Modus deshalb meist die Einzelmassen-Registrierung SIM/MID.

Die gezielte Ausnutzung zusätzlicher Selektivitäten erzielt durch Ausblenden der meist kohlenwasserstoffreichen Matrix bei allen Wirkstoffpeaks höhere Signal/Rausch-Verhältnisse. Auch werden hierdurch im CI-Betrieb niedrigere Nachweisgrenzen als im EI-Modus erreicht.

Der Gewinn für die qualitative Analytik liegt bei der zweifelsfreien Identifizierung von Substanzen und der Absicherung von Strukturvorschlägen aus der Bibliothekssuche. Das Molekülion enthält alle Isotopeninformationen der Verbindung und muß plausibel alle EI-Fragmente klären (siehe Abb. 4-3, Tolclofos-Methyl).

Quantitative Bestimmungen sind durch die chemische Ionisierung begünstigt, weil die Quantifizierungsmasse in den oberen Massenbereich gehoben wird. In der Regel ist der hohe Massenbereich frei von Rauschen und anderen Störungen der Integration. Die verbesserte Erfassungsgrenze im CI-Modus wird weiterhin durch die

Konzentration des Ionenstroms einer Substanz auf lediglich ein Ion erreicht, das mit hoher Intensität detektiert wird.

4.3.3.1 Quadrupol- und Sektorfeld-Spektrometer

Zur Auslösung der CI-Reaktion und Gewährleistung einer ausreichenden Umsetzungsrate ist bei Strahlgeräten wie Quadrupol- und Sektorfeld-Spektrometern ein Ionenquellendruck von ca. 1 Torr in einer Umgebung von 10^{-5}–10^{-7} Torr notwendig. Hierzu wird die EI-Ionenquelle gegen eine spezielle CI-Quelle ausgetauscht, die bis auf wenige Öffnungen für GC-Säule, Elektronenstrahl und Ionenaustritt völlig geschlossen sein muß. Kombinationsquellen mit mechanischer Vorrichtung zur Abdichtung der EI- zur CI-Quelle haben sich bislang lediglich bei Sektorfeldgeräten durchsetzen können. Bei den miniaturisierten Quadrupolquellen ist die Gefahr geringer Undichtigkeiten hoch. Als Konsequenz davon werden EI/CI-Mischspektren erzeugt.

Grundsätzlich ist deshalb erhöhter Arbeitsaufwand zum Umbau, Abpumpen und Kalibrieren der CI-Quelle bei Strahlgeräten notwendig. Der hohe Einstrom an Reaktantgas führt zusätzlich zu rascher Verschmutzung des gesamten Analysators und damit zu zusätzlichen Reinigungsmaßnahmen, um die urspüngliche Systemempfindlichkeit wiederzuerlangen.

4.3.3.2 Ion-Trap-Spektrometer

Alle Ion-Trap-Massenspektrometer sind grundsätzlich ohne Umbau sofort für CI einsetzbar. Aufgrund der Arbeitsweise als Speicher-Massenspektrometer ist nur ein äußerst geringer Reaktantgas-Druck erforderlich. Die Einstellung erfolgt über ein spezielles Nadelventil, das bei geringster Leckrate betrieben wird und einen Partialdruck von nur etwa 10^{-5} Torr aufrecht erhält. Der Gesamtdruck des Ion-Trap-Analysators von etwa 10^{-4}–10^{-3} Torr bleibt davon unbeeinflußt. Alle bei Strahlgeräten bislang benötigten mechanischen Vorrichtungen zur Ionenquellen-Abdichtung entfallen völlig.

Das Umschalten zwischen EI- und CI-Modus erfolgt durch ein Tastaturkommando oder durch die vorgesehene Datenaufnahme-Sequenz beim automatischen Betrieb. Geräteintern wird der Ion-Trap-Analysator auf die CI-Scanfunktion umgeschaltet, ohne eine Änderung am Analysator vorzunehmen.

Das auslösende Moment für das Eintreten der CI-Reaktion ist die durch Änderung der Betriebsparameter mögliche Bereitstellung von Reaktantionen und die Gewährung einer kurzen Reaktionsphase im Ion-Trap-Analysator. Die im CI-Modus bei Ion-Trap-Geräten benutzte Scanfunktion weist deshalb deutlich erkennbar zwei Plateaus auf, die der Primär- und Sekundärreaktion (siehe Abschn. 4.3.2.1) direkt entsprechen. Nach Beendigung der Sekundärreaktion werden die entstandenen und gespeicherten Produktionen durch den Massenscan erfaßt und das CI-Spektrum registriert. Der Ablauf der Scanfunktion ist in Abb. 4-6 anhand des Spannungsverlaufes an der Ringelektrode des Ion-Trap-Analysators dargestellt. Trotz Anwesenheit von Reaktantgas können im EI-Modus die klassischen EI-Spektren registriert werden. Erst die Umschaltung auf die CI-Betriebsparameter ermöglicht die gewünschte chemische Ionisierung.

Beim Arbeiten mit Autosamplern ist es deshalb leicht möglich, so zwischen EI- und CI-Datenaufnahme umzuschalten, daß jede Probe sowohl im EI- als auch im CI-Modus gemessen wird. Beide Ionisierungsverfahren können auf diese Weise routinemäßig ausgenutzt werden. Die Gefahr zusätzlicher Verschmutzung durch CI-Gas tritt bei Ion-Trap-Geräten wegen der äußerst geringen Reaktantgaszufuhr nicht auf und ermöglicht deshalb diese Arbeitsweise ohne Qualitätseinbußen.

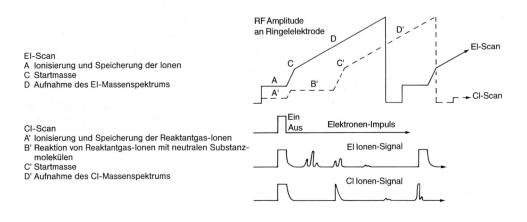

EI-Scan
A Ionisierung und Speicherung der Ionen
C Startmasse
D Aufnahme des EI-Massenspektrums

CI-Scan
A' Ionisierung und Speicherung der Reaktantgas-Ionen
B' Reaktion von Reaktantgas-Ionen mit neutralen Substanz-
    molekülen
C' Startmasse
D' Aufnahme des CI-Massenspektrums

4.4 Spezielle Aspekte der GC/MS-Kopplung

4.4.1 Wahl des Trägergases

Es ist schon lange kein Geheimnis mehr, daß Wasserstoff als Trägergas die Trennleistung der GC deutlich verbessert, die Elutionstemperaturen von Verbindungen senkt und durch höhere Flußraten kürzere Analysenzeiten ermöglicht. Ausschlaggebend für diese Verbesserung der analytischen Leistung ist der günstige Verlauf der Van Deemter-Kurve für Wasserstoff.

Auf der massenspektrometrischen Seite ist beim Einsatz von Wasserstoff dementsprechend ein höherer Volumenfluß zur Aufrechterhaltung des Vakuums zu bewältigen. An dieser Stelle entscheidet das Pumpensystem und der Analysator-Typ über Vor- und Nachteile.

Die heute meist eingesetzten Turbomolekularpumpen haben die angegebene Nennleistung über das Abpumpen einer Stickstoff-Atmosphäre spezifiziert. Bereits die Verwendung von Helium reduziert die Pumpleistung. Die Verwendung von Wasserstoff setzt die Effektivität weiter herab. Ursache für die stark abfallende Leistung bei Wasserstoff ist dessen geringes Molekulargewicht. Das Absinken der Pumpenleistung beim Einsatz von Wasserstoff führt zu einem bereits meßbaren Druckanstieg im Analysator, der sich bei Ionenstrahl-Geräten negativ auf die Transmission, damit auf die Empfindlichkeit des Gerätes auswirkt. Der Effekt kann durch Verwendung von Pumpen höherer Leistung oder der Anbringung zusätzlicher Pumpen kompensiert werden. Ion-Trap-Geräte zeigen aufgrund des Speichereffektes dieses Verhalten nicht. Bei Verwendung von Wasserstoff als Trägergas ist der Einsatz von Öl-Diffusionspumpen von Vorteil, deren Pumpleistung generell unabhängig vom Molekulargewicht ist und damit für Helium und Wasserstoff gleich hoch ist.

Darüber hinaus sollte beachtet werden, daß Wasserstoff als reaktives Gas zu Hydrierungen der Analysensubstanzen führen kann. Dieser Effekt ist bereits aus der GC bekannt. Umsetzungen in heißen Injektoren können zum Auftreten von Störpeaks führen. In der GC/MS sind zusätzlich Ionenquellen-Reaktionen bekannt, die zu Hydrierungsprodukten führen. Durch den Wechsel auf Helium als Trägergas sind derartige Fälle leicht aufzuklären.

4.4.2 Wahl der Kapillar-Trennsäulen

Die Auswahl an Kapillar-Trennsäulen zur generellen und speziellen Anwendung ist heute größer denn je. Für den Einstatz mit GC/MS-Systemen mit direkter Kopplung treten Einschränkungen bei der Auswahl bestimmter Innendurchmesser und Längen auf. Hier sind die Leistungsfähigkeit des MS-Vakuumsystems und der Aufbau der Ionenquelle meist der limitierende Faktor. Während die meisten Quadrupol-GC/MS-Systeme für einen Trägergas-Strom bis ca. 1 ml/min ausgelegt sind, können Ion-Trap-Systeme bis ca. 3 ml/min betrieben werden (Herstellerangaben beachten!). Damit bereitet der Einsatz der Standardsäulen ab 15 m Länge und einem Innendurchmesser von 0.25 mm (narrow bore) für alle GC/MS-Geräte keine Probleme.

Der Einsatz von Säulen mit 0.32 mm Innendurchmesser (wide bore), die wegen den verfügbaren höheren Filmdicken gerade für die Analytik von leichtflüchtigen Verbindungen (LHKWs, BTEX etc.) wünschenswert sind, ist nicht bei allen GC/MS-Systemen möglich. Meist ist, als Kompromiß, nur der Einsatz mit Flußraten unterhalb des Optimums möglich. Bei Ion-Trap-Systemen können Widebore-Säulen ab 25 m Länge ohne Einschränkung eingesetzt werden.

Die Verwendung von Megabore-Säulen mit 0.53 mm Innendurchmesser ist in der direkten Kopplung mit GC/MS-System nicht möglich. Eine Empfehlung für diese Säulentypen findet sich in Methoden der amerikanischen Umweltbehörde EPA als Ersatz für die Verfahren mit gepackten Säulen.

Im Hinblick auf ein mögliches Säulenbluten ergeben sich bei erhöhten Elutionstemperaturen prinzipiell keine Einschränkungen bei der Auswahl von Trennfilm und Filmdicke. Starkes Säulenbluten führt jedoch in der Full-Scan- wie in der SIM/MID-Aufnahmetechnik zu einer Verschlechterung der erzielbaren Nachweisgrenzen (Signal/Rausch-Verhältnis) und muß deshalb vermieden werden.

4.4.3 GC/MS-Kopplungsverfahren

4.4.3.1 Die offene Kopplung

Vielen Analytikern ist die offene Kopplung (Open Split) aus den Anfangstagen der GC/MS-Technik bekannt. Die Aufgabe der offenen Kopplung bestand im Ausgleich unverträglicher Flußraten, besonders aber zum Ausblasen des Lösungsmittel-Peaks und weiterer Hauptkomponenten, um einen Schutz der Ionenquelle vor Verunreinigung und dem damit verbundenen Empfindlichkeitsabfall zu erreichen. Diese anfänglichen Notwendigkeiten sind Dank der heutigen Fused-Silica-Kapillaren und wartungsfreundlicher Ionenquellen-Konstruktionen völlig in den Hintergrund getreten. Viele Vorteile der offenen Kopplung (Abb. 4-7) werden dennoch auch heute genutzt.

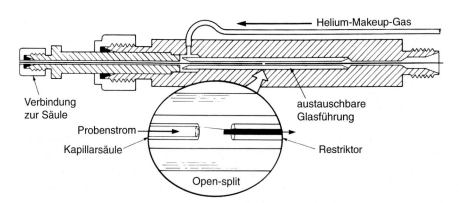

Abb. 4-7: Querschnitt einer offenen Kopplung, Finnigan MAT ITD 800 (Ion-Trap-Spektrometer).

Vorteile der offenen Kopplung:

- Die Retentionszeiten von klassischen Detektoren wie FID, ECD u. a. bleiben auch bei der GC/MS erhalten und ermöglichen den Vergleich von Chromatogrammen.
- Am Säulenende kann ein Split z. B. auf einen zusätzlichen elementspezifischen Detektor wie ECD, NPD erfolgen, der zum MS komplementäre Information liefert.
- Die Kapillar-Trennsäule ist leicht austauschbar, was in der Regel ohne eine Belüftung des Massenspektrometers erfolgen kann und eine rasche Wiederaufnahme der Arbeit ermöglicht.
- Die Wahl der GC-Bedingungen (Säulenlänge, -durchmesser, Flußrate) kann unabhängig vom MS für die Aufgabenstellung optimiert werden.
- Der Anschluß von widebore-, megabore- und gepackten Säulen ist möglich. Das überschüssige, vom Spektrometer nicht angesaugte Eluat wird abgesplittet.
- In das Massenspektrometer gelangt eine konstante, von der Ofentemperatur des Gaschromatographen unabhängige Flußmenge, was die präzise Optimierung der Ionenquelle erlaubt.

Nachteile der offenen Kopplung:

- Die Kopplungsstelle liegt auf Atmosphärendruck und muß, um das Eindringen von Luft zu verhindern, mit Trägergas umspült werden. Zusätzliche Verschraubungen sind nötig, die Ursache von störenden Undichtigkeiten sein können.
- Falls aufgrund der Bilanz von Säulenfluß und Ansaugleistung des Massenspektrometers ein positives Splitverhältnis eintritt, verringert sich die Systemempfindlichkeit.
- Bei unsachgemäßer Handhabung z. B. dem Eindringen von Partikeln aus Dichtungsferrules oder mangelhafter Schnittfläche des Säulenendes kommt es zur Beeinträchtigung der gaschromatographischen Trennung.

4.4.3.2 Die direkte Kopplung

Ohne alle Hindernisse führt der direkte Weg des GC-Eluates in das Massenspektrometer, indem das Ende der Trennsäule bis in die Ionenquelle vorgeschoben wird. Aus diesem Grund wird die direkte Kopplung heute als ideale Verbindungsmöglichkeit angesehen. Die Pumpleistung moderner Massenspektrometer ist auf die gebräuchlichen Flußraten der Gaschromatographen abgestimmt.

Vorteile der direkten Kopplung:

- unkomplizierte Konstruktion und Handhabung.
- einheitlicher, störungsfreier Substanzweg ab GC-Injektor bis zur Ionenquelle.

Nachteile der direkten Kopplung:

● Zum Säulenwechsel muß das MS abgekühlt und belüftet werden.
● Der Trägergas-Strom in die Ionenquelle ist nicht konstant, sondern vom gewählten GC-Temperaturprogramm abhängig.
● Das Vakuum im Massenspektrometer beeinflußt die Trennung auf der GC-Säule und verkürzt die Retentionszeiten im Vergleich zu FID, ECD u. a.
● Hohe Interface-Temperaturen begrenzen die Lebensdauer und Inertheit sensibler Säulenfilm-Typen wie Carbowax, OV 1701 u. a.
● Die Säulenwahl und Einstellung der optimalen Flußrate ist begrenzt auf den maximalen Trägergas-Strom für das Massenspektrometer.

4.4.3.3 Separatortechniken

Für die Kopplung der Kapillar-Gaschromatographie mit der Massenspektrometrie werden keine speziellen Separatoren mehr benötigt. Lediglich GC-Methoden, die auch heute noch auf gepackten Säulen mit Flußraten um 10 ml/min beruhen (oder als deren Ersatz Megabore-Säulen einsetzen), können nicht ohne Separator mit Massenspektrometern gekoppelt werden.

Der ehedem häufig eingesetzte einstufige Jet-Separator (Biemann-Watson-Separator) arbeitet nach dem Prinzip der Diffusion kleinerer Gasmoleküle aus der Transmissionsachse, die dann durch eine Drehschieberpumpe abgesaugt werden. Schwerere Moleküle gelangen aufgrund ihrer größeren Trägheit durch eine Transfer-Kapillare direkt in die Ionenquelle des MS. In der Regel ist der Einsatz von Separatoren mit einem Verlust an Empfindlichkeit verbunden und deshalb seit der weiten Verbreitung der Kapillarsäulen-Technik für die GC/MS-Rückstandsanalytik als historisch anzusehen.

4.5 Auswertung von GC/MS-Analysen

4.5.1 Darstellung der Chromatogramme

Die in der GC/MS aufgenommenen Chromatogramme werden wie gewohnt als Darstellung der Intensität über der Retentionszeit abgebildet. Dennoch bestehen erhebliche Unterschiede zu den Chromatogrammen der klassischen Detektoren.

4.5.1.1 Totalionenstrom

Die Intensitätsachse bei GC/MS-Analysen wird als Totalionenstrom (TOT, total ion current) oder als berechnetes Ionenchromatogramm (RIC, reconstructed ion chromatogram) bezeichnet. Beide Begriffe beschreiben die durch die Aufnahmetechnik geprägte Darstellungsweise. Mit konstanter Abtastrate zeichnet das Massenspektrometer über den vorgewählten Massenbereich Spektren auf und liefert damit ein dreidimensionales Datenfeld aus Retentionszeit, Massenskala und Intensität. Die der FID-Detektion äquivalente Signalgröße steht direkt nicht zur Verfügung. Eine vergleichbare Gesamtintensität an einem Abtastpunkt ergibt sich erst durch die Summation aller Intensitäten des an dieser Stelle aufgezeichneten Massenspektrums. Die Peak-Intensität im Chromatogramm entspricht also der Anzahl der gemessenen Ionen.

Die Darstellung eines GC/MS-Chromatogrammes (TOT/RIC) mit den darin abgebildeten Peakintensitäten ist deshalb stark vom aufgezeichneten Massenbereich abhängig. Die wiederholte GC/MS-Analyse ein und derselben Probe führt bei Wahl verschieden weiter Massenscans über der Grundlinie des Totalionenstroms zu Peaks unterschiedlicher Höhe. Großen Einfluß hat hier die Startmasse des Scans. Die Folge ist eine mehr oder weniger starke Registrierung des unspezifischen Untergrundes, was sich in einer höheren oder niedrigeren Basislinie des Totalionenstrom-Chromatogrammes zeigt. Peaks gleicher Konzentration werden deshalb mit unterschiedlichem Signal/Rausch-Verhältnis im Totalionenstrom angezeigt. Trotz unterschiedlicher Darstellung der Substanzpeaks ändert sich natürlich die Empfindlichkeit des GC/MS-Systems nicht.

Im Falle der Datenaufnahme durch Einzelmassenregistrierung (SIM/MID) wird der Intensitätsverlauf der ausgewählten selektiven Massen angezeigt. Alle Substanzen, die auf den ausgewählten Massen Signale durch Fragment- oder Molekülionen liefern, werden als Peak angezeigt. Ein Massenspektrum zur Identitätsüberprüfung liegt nicht vor. Als Qualifizierungsmerkmal wird die relative Intensität von zwei oder drei spezifischen Linien herangezogen.

4.5.1.2 Massenchromatogramme

Eine aussagefähige Beurteilung von Signal/Rausch-Verhältnissen bestimmter Peaks erfolgt anhand von Massenchromatogrammen substanzspezifischer Ionen (Fragment-/Molekülionen). Das dreidimensionale Datenfeld von GC/MS-Analysen in der Full-Scan-Arbeitsweise läßt nicht nur die Ermittlung einer Gesamtionen-Intensität an einem Abtastpunkt zu. Zur selektiven Darstellung einzelner Komponenten wird eine Einzeldarstellung der Intensitäten bestimmter ausgewählter Ionen aus dem aufgezeichneten Datenfeld durchgeführt und als Intensitäts/Zeit-Spur dargestellt.

Die Auswertung dieser Massenchromatogramme läßt die exakte Ermittlung der Nachweisgrenze über das Signal/Rausch-Verhältnis eines substanzspezifischen Ions einer Verbindung zu. Mit der SIM/MID-Betriebsweise würde ausschließlich dieses Ion detektiert werden, aber kein vollständiges Massenspektrum abrufbar sein. Bei komplexen Chromatogrammen realer Proben bieten Massenchromatogramme den Schlüssel zur Isolierung koeluierender Komponenten und deren einwandfreier Quantifizierung.

Am Beispiel der Analyse von Zitronen auf Rückstände von Pflanzenschutzmitteln ist die Aufdeckung einer Koelutionssituation durch die Datenaufnahme in der Full-Scan-Technik des Ion-Trap-Detektors und anschließender Auswertung durch Massenchromatogramme dargestellt.

Die Routineüberprüfung mit dem Ion-Trap-GC/MS-System zeigt gegenüber der Analyse mit dem elementspezifischen NP-Detektor ein anderes Bild. Eine Fülle verschiedener Peaks begleiten den Retentionsbereich, in dem die NPD-Auswertung Quinalphos als Wirkstoff ergeben hat. Der Quinalphos-Peak weist an der linken Flanke eine Schulter auf und ist dicht gefolgt von einer geringer intensiven Komponente. Im Massenchromatogramm der charakteristischen Einzelmassen (Fragment-Ionen) läßt sich aus dem Totalionenstrom eine Darstellungsform ableiten, die einen zusätzlich eluierenden Wirkstoff aufzeigt (Abb 4-8). Im Gegensatz zur NP-Detektion wird durch die GC/MS-Analyse nach Auswertung der Massenchromatogramme und der aufgezeichneten Massenspektren deutlich das Vorhandensein des koeluierenden zweiten Wirkstoffs Chlorfenvinphos aufgedeckt.

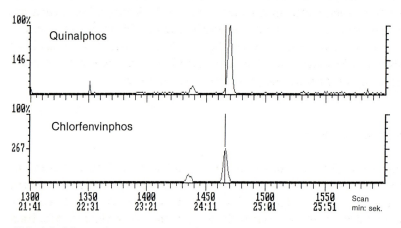

Abb. 4-8: Massenchromatogramme der koeluierenden Pflanzenschutzmittel Quinalphos auf der Massenspur m/z 146 und Chlorfenvinphos m/z 267.

4.5.2 Identifizierung durch Bibliotheksvergleich

Eine der großen Stärken des Einsatzes der Massenspektrometrie ist die sofortige direkte Bereitstellung von Informationen über eine eluierende Komponente. Das sorgfältige „Extrahieren" der substanzspezifischen Signale aus dem Chromatogramm gilt als mitentscheidend für die sichere Aufklärung der Identität. Die Datenaufnahme von möglichst kompletten Massenspektren ist damit unabdingbar zur Identifizierung oder Bestätigung einzelner GC-Peaks.

Durch die Darstellung von Massenchromatogrammen können, wie oben gezeigt, Koelutionen aufgedeckt werden. Die Massenchromatogramme dominanter Ionen geben über ihr Maximierungsverhalten zusätzlich eine wichtige Information. Nur bei exakt zeitgleichem Intensitätsverlauf kann ihre Entstehung aus der gleichen Struktur heraus angenommen werden. Als einzige Ausnahme bleibt die ideale zeitgleiche Koelution. Werden unterschiedliche Peakmaxima bei verschiedenen Ionen angezeigt, ist von koeluierenden Komponenten auszugehen.

4.5.2.1 Extraktion von Spektren

Durch Subtraktion der Untergrund- bzw. Koelutions-Spektren vor oder hinter einem fraglichen GC-Peak wird das Massenspektrum der gesuchten Substanz sauber aus dem Chromatogramm extrahiert. Alle zu einer unbekannten Substanz koeluierenden Stoffe, einschließlich der Matrixkomponenten und des Säulenblutens, werden in diesem Zusammenhang als chemischer Untergrund bezeichnet. Die Differenzierung zwischen Substanzsignalen und Untergrund, sowie dessen Eliminierung aus dem Substanz-Spektrum ist von entscheidender Bedeutung für einen erfolgreichen Spektrenvergleich durch die Bibliothekssuche. In dem angeführten Beispiel der GC/MS-Analyse von Zitronen auf Pflanzenschutzmittel wird nach dieser Arbeitsweise verfahren, um die Identität der Wirkstoffe zu ermitteln.

4.5.2.2 Referenz-Massenspektren

Bei der EI-Ionisierung (70 eV) ist das Ausmaß der beobachteten Fragmentierungsreaktionen der weitaus meisten organischen Verbindungen vom herstellerspezifischen Design der Ionenquelle unabhängig. Für den Aufbau von Spektrenbibliotheken wird damit die Vergleichbarkeit der erzeugten Massenspektren sichergestellt. Alle kommerziell erhältlichen Massenspektren-Bibliotheken sind unter diesen Standardbedingungen aufgenommen worden und ermöglichen durch den Vergleich des Fragmentierungsmusters einer gemessenen unbekannten Substanz mit den vorliegenden Spektren der Bibliothek. Der hohe Wert der EI-Spektren ist durch ihr Fragmentierungsmuster gegeben. Alle Suchverfahren durch Spektrenbibliotheken basieren heute (noch) auf EI-Spektren. Mit der Einführung der äußerst reproduzierbar arbeitenden *advanced chemical ionization* wurde erstmals eine kommerzielle CI-Spektrenbibliothek mit über 300 Pestiziden vorgestellt (Finnigan MAT 1992).

Die verfügbaren Referenz-Massenspektren-Bibliotheken lassen sich in allgemeine, sehr umfangreiche Sammlungen und spezielle, aufgabenbezogene Zusammenstellungen kleineren Umfangs einteilen.

Die umfangreichste kommerzielle Spektren-Bibliothek ist zweifelsohne *The Wiley/NBS Registry of Mass Spectral Data,* deren Ursprünge bis in das Jahr 1963 reichen. Der heutige Umfang der angekündigten 6. Ausgabe wird mit über 220 000 Spektren angegeben. Aufgrund der hauptsächlichen Verwendung für das PBM-Suchverfahren (siehe Abschn. 4.5.2.3.2) sind teilweise mehrere Spektren pro Substanz enthalten. Hierdurch werden unterschiedliche Aufnahmebedingungen berücksichtigt. Neben den Massenspektren enthält die Datenbank Strukturformeln, Namen von Handelsprodukten und Trivialnamen sowie eine Quellenangabe. Die weitere Bearbeitung der Datenbank wird von Prof. McLafferty, Cornell University New York, vorgenommen.

Von ebenfalls allgemeiner Bedeutung ist die sehr verbreitete NIST-Bibliothek, deren Ausgangspunkt ein Sammlungsprojekt der amerikanischen EPA (Environmental Protection Agency) und NIH (National Institute of Health) aus den frühen 70er Jahren ist. Als NBS-Bibliothek wurde sie 1978 erstmals von S.R. Heller und G.W.A. Milne mit ca. 25 000 Spektren veröffentlicht. Die heute aktuelle Version hat einen Umfang von mehr als 64 000 Massenspektren.

Spezielle Bibliotheken versuchen klar abgesteckte Einsatzbereiche abzudecken. Der Vorteil dieser bewußt limitierten Bibliotheken ist die Konzentrierung der Vorschläge auf Substanzen, die nur in einem speziellen Arbeitsgebiet zu sinnvollen Interpretationen führen. Meist ist die Pflege dieser Sammlungen einfacher, fällige Updates erscheinen in schnellerer Folge. Bekannte kommerzielle Bibliotheken sind die pharmakologisch-toxikologisch orientierte *Pfleger/Maurer/Weber-Spektrensammlung* mit 4370 Einträgen, die ihre Bedeutung aus wichtigen Zusatzinformationen wie der Information über Metaboliten, Indikation und Aufarbeitung von Proben schöpft. Eine bemerkenswerte *Sammlung von Terpenspektren* ist von R.P. Adams veröffentlicht worden. Etwa 570 Verbindungen sind mit Angaben der Retentionsindices enthalten. Weitere Spezialbibliotheken bieten eine Zusammenstellung von Pflanzenschutzmittel-Spektren an. Als heute umfangreichste Sammlung liegt die *Pestizid-Bibliothek* mit ca. 600 Einträgen von W. Ockels vor.

4.5.2.3 Verfahren zur Bibliothekssuche

Die weite Verbreitung von Massenspektrometern als Detektoren in der Kapillar-Gaschromatographie hat auch die Diskussion über die Leistungsfähigkeit der Verfahren zur Bibliothekssuche wieder aufleben lassen. Bedingt durch die unterschiedliche Software-Ausstattung der heutigen Benchtop-GC/MS-Systeme haben sich von der Anzahl der Installationen betrachtet zwei Suchverfahren durchgesetzt: INCOS und PBM. Auf die Datensysteme mittlerer Technologie begrenzt ist das SISCOM-Verfahren (search for identical and similar compounds) nach Henneberg/Weimann, das sich durch seine herausragende Leistungsfähigkeit zur Datensystem-gestützten Interpretation von Massenspektren abhebt [4-10].

Im allgemeinen wird von Bibliothekssuchverfahren erwartet, daß die Identität einer unbekannten Verbindung aufgeklärt wird. Besser ist es jedoch, die Ergebnisse eines Suchverfahrens unter dem Aspekt der Ähnlichkeit zwischen Referenz und unbekanntem Spektrum zu betrachten. Weitere Hinweise zur Absicherung einer Identität wie z. B. die Retentionszeit, Aufarbeitungsgang und andere spektroskopische Daten sollten stets zusätzlich herangezogen werden. Insbesondere muß der limitierte Umfang der Bibliotheken generell berücksichtigt werden [4-11].

Die Verfahren zur Ermittlung einer spektralen Ähnlichkeit gehen von sehr unterschiedlichen Überlegungen aus. Das INCOS- und PBM-Verfahren arbeiten dennoch gleichermaßen auf die Zielsetzung hin, Substanz-Vorschläge zur Aufklärung eines unbekannten Spektrums zu liefern [4-12]. Beide Algorithmen dominieren die qualitative Auswertung bei Sektorfeld-, Quadrupol- und Ion-Trap-GC/MS-Systemen.

4.5.2.3.1 Das INCOS-Suchverfahren

Bereits Anfang der 70er Jahre wurde von der ehemaligen Firma Incos ein Suchverfahren vorgestellt, das auf der Basis der Prinzipien der Mustererkennung als auch mit Komponenten der klassischen Interpretationstechnik arbeitet und Daten unterschiedlicher Massenspektrometer-Typen sicher verarbeiten kann. Die frühen Jahre der GC/MS-Kopplung waren von der raschen Entwicklung der Quadrupol-Geräte geprägt, die aufgrund ihrer, im Vergleich zu damaligen Sektorfeld-Geräten, hohen Scan-Geschwindigkeit ideal mit der Gaschromatographie zu koppeln waren. Die verfügbaren Spektrenbibliotheken waren jedoch auf Basis der bis dahin etablierten Sektorfeld-Massenspektrometer erstellt worden. Eine Grundlage, auf der auch die heutigen Spektren-Datenbanken aufbauen.

Das INCOS-Verfahren [4-13] konnte bereits seit den Tagen der Einführung die Charakteristika beider Analysatortechniken berücksichtigen. Die INCOS-Suche wird seit den 70er Jahren in nahezu unveränderter Form eingesetzt und ist durch die hohe Treffsicherheit und die völlige Unabhängigkeit von den eingesetzten Gerätetypen bekannt.

Nach einer Signifikanzwichtung (Quadratwurzel des Produktes aus Masse und Intensität) und einer Datenreduktion durch einen „Rauschfilter" und „Redundanzfilter" wird in einer recht groben Vorabsuche (Pre-Search) die umfangreiche Referenz-Datenbasis nach geeigneten Kandidaten für den eigentlichen Mustervergleich durchsucht. Das qualitative Vorhandensein von bis zu 8 der signifikantesten Massensignale dient als wichtiges Vorab-Kriterium. Hierbei wird vorausgesetzt, daß nur diejenigen Referenzspektren, die wenigstens 8 der signifikantesten Massen des unbekannten Spektrums enthalten, überhaupt für die Identität in Frage kommen können. Je nach Benutzervorgaben werden auch Spektren mit weniger als 8 übereinstimmenden Massensignalen weiterverarbeitet. Referenzspektren, die nur eine geringe Anzahl von übereinstimmenden Linien enthalten, oder deren Molekulargewicht nicht mit einer optionalen Vorgabe übereinstimmen, werden von der Liste möglicher Substanz-Vorschläge ausgeschlossen.

Die Hauptsuche (Main-Search) ist beim INCOS-Algorithmus der entscheidende Schritt, in dem die durch die Vorsuche gefundenen Kandidaten mit dem unbekannten Spektrum verglichen und in einer Rangfolge von Vorschlägen ausgegeben werden. Von entscheidender Bedeutung für die Unabhängigkeit des INCOS-Verfahrens von den eingesetzten Massenspektrometer-Typen und damit der hohen Treffsicherheit ist ein Vorgang, der als „lokale Normalisierung" bezeichnet wird.

Die lokale Normalisierung bringt eine wesentliche Komponente in das Suchverfahren ein, die mit dem visuellen Vergleich zweier Muster vergleichbar ist. Einzelne Ionencluster und Isotopenmuster werden in einem lokalen Massenfenster miteinander verglichen. Hierbei wird jeweils die zentrale Masse eines solchen Fensters aus dem Referenzspektrum mit der Intensität dieser Masse im unbekannten Spektrum abgeglichen, um die Übereinstimmung des Linienmusters rechts und links davon zu beurteilen. Auf diese Weise wird die Nahregion eines Massensignals untersucht und z. B. die Deckungsgleichheit von Isotopenmustern (Cl, Br, S, Si u. a.) und Abspaltungsreaktionen beurteilt.

Der Vorteil dieses Verfahrens liegt darin, daß abweichende relative Intensitäten im Gesamtspektrum ohne Einfluß auf das Ergebnis der Suche bleiben. Eine Varianz der relativen Signalintensitäten in einem Massenspektrum wird z. B. durch die unterschiedliche Wahl der Spektren aus der aufsteigenden oder abfallenden Peakflanke bei Quadrupol- und Sektorfeldgeräten verursacht, sowie durch Änderung der Tuningparameter der Ionenquelle oder deren zunehmender Verschmutzung.

Die lokale Normalisierung ist der Grund dafür, daß alle Spektrenbibliotheken, die mit dem INCOS-Verfahren zum Einsatz kommen, lediglich ein Massenspektrum pro Substanz enthalten.

Als Folge der lokalen Normalisierung werden für den Spektrenvergleich zwei Werte ermittelt. Der FIT-Wert gibt ein Maß dafür an, wie gut das Referenzspektrum im unbekannten Spektrum enthalten ist. Die umgekehrte Sichtweise, in welchem Umfang das unbekannte Spektrum im jeweiligen Referenzspektrum enthalten ist, wird durch den RFIT-Wert (reverse fit) ausgedrückt. Die Kombination beider Werte gibt Auskunft darüber, mit welcher Reinheit (Purity) das unbekannte Spektrum vorliegt (Tab. 4-4). Ist für einen aktuellen Fall der FIT-Wert hoch und der RFIT-Wert deutlich niedriger, kann davon ausgegangen werden, daß das gemessene Spektrum erheblich mehr Linien enthält, als das zum Vergleich herangezogene Referenzspek-

Tab. 4-4: Resultate der INCOS-Bibliothekssuche.

FIT	RFIT	PUR	Bewertung
hoch	hoch	hoch	Identität oder Isomer sehr wahrscheinlich
hoch	niedrig	niedrig	Identität möglich, ebenso Homologie, Koelution, Rauschen
niedrig	hoch	niedrig	evtl. unvollständiges Spektrum durch zu engen Massenbereich

trum. Durch Massenfragmentographie oder Untergrundsubtraktion wäre zu klären, ob ein Koeluat, chemisches Rauschen, das Vorkommen einer homologen Substanz oder andere Gründe für das Auftreten der zusätzlichen Linien verantwortlich sind.

Die Ergebnisse der Bibliothekssuche für die koeluierenden Pflanzenschutzmittel Quinalphos und Chlorfenvinphos sind in den Abb. 4-9 und 4-10 dargestellt.

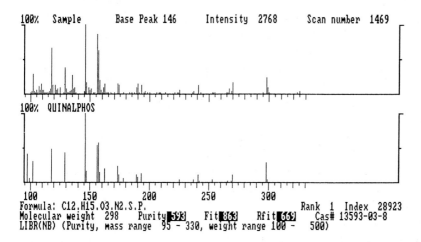

Abb. 4-9: Identifizierung von Quinalphos durch die NBS-Bibliothek ergibt einen FIT-Wert von 863 (INCOS).

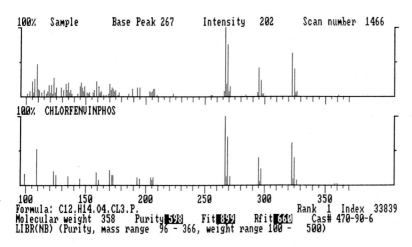

Abb. 4-10: Identifizierung von Chlorfenvinphos durch die NBS-Bibliothek ergibt einen FIT-Wert von 899 (INCOS).

Alle in der Vorsuche ermittelten Kandidaten werden bei der Hauptsuche, wie beschrieben, verarbeitet. Als Resultat stehen sortierte Listen nach PURity, FIT und RFIT zur Verfügung. Die anfängliche Sortierung nach PURity ist zu empfehlen, da mit diesem Wert die beste Aussage über eine mögliche Identität bereitgestellt wird. Eine weitere Sortierung nach FIT-Werten gibt zusätzlich Vorschläge, die in der Regel mit wertvollen Informationen über Teilstrukturen oder die Zugehörigkeit zu einer bestimmten Verbindungsklasse die weiteren Schritte zu einer Identifizierung ergänzen.

Für die weitere manuelle Bearbeitung kann die Differenz zwischen einem Referenzspektrum und dem gemessenen unbekannten Spektrum gebildet werden. Mit dem verbleibenden Anteil des Spektrums ist eine erneute Bibliothekssuche möglich. Im Einzelfall kann hierdurch die zeitlich identische Koelution von Komponenten aufgeklärt werden, was selbst bei sorgfältiger Würdigung der Kapillar-Gaschromatographie bei komplexen Proben z. B. aus dem Bereich der Umweltanalytik zu beobachten ist.

4.5.2.3.2 Das PBM-Suchverfahren

Eine völlig andere Vorgehensweise liegt dem PBM-Algorithmus (probability based match) zugrunde [4-14]. Der mathematisch-statistische Ansatz von Prof. McLafferty ermöglicht Aussagen über die wahrscheinliche Identität eines Substanzvorschlages. Diese Aussage wird auf Basis der eingesetzten Spektrendatenbank ermittelt, die für diese Vorgehensweise einen möglichst großen Umfang haben sollte. Das Suchverfahren ist ebenfalls bereits in den 70er Jahren an der Cornell University entwickelt worden. In den Folgejahren wurden Teile des PBM-Verfahrens für Personalcomputer ebenfalls unter dem Namen PBM realisiert, die meist nur den wenig schlagkräftigen Modus „Pure Search" beinhalteten. Mit Beginn der 90er Jahre ist als Benchtop/PBM eine Version für Personalcomputer realisiert worden, die jetzt auch den äußerst leistungsfähigen Modus „mixture search" für die Datensysteme kommerzieller GC/MS-Systeme bereitstellt.

Auch beim PBM-Suchverfahren wird zunächst eine Signifikanz-Wichtung (Summe aus Masse m und Intensität I) vorgenommen. An der Art und Weise der Signifikanz-Wichtung orientiert sich auch die Vorsuche des PBM-Verfahrens. Die Referenzspektren liegen nach ihrer maximalen Signifikanz sortiert in der für PBM eingesetzten Datenbank vor. Für eine gegebene Signifikanz eines unbekannten Spektrums kann so ein Satz von gleichsignifikanten Referenzspektren ausgewählt werden. Als Suchtiefe wird in diesem Zusammenhang die Auswahl mehrerer Sätze von Massenspektren bezeichnet, die ausgehend von $(m+I)_{max}$ z. B. bei Suchtiefe 3 bis zu $(m+I)_{max}$-3 reichen. Hierdurch wird die Zahl möglicher Kandidaten für die Hauptsuche erweitert.

Die Hauptsuche des PBM-Verfahrens kann wahlweise auf zwei Wegen erfolgen. Im Modus „pure search" werden ausschließlich die Fragmente des unbekannten Spektrums in den Referenzspektren gesucht und verglichen (forward search). Diese

Vorgehensweise setzt matrix- und überlagerungsfreie Massenspektren voraus, die allenfalls bei einfachen Trennaufgaben ab dem mittleren Konzentrationsbereich gegeben sind.

Der Modus „mixture search" prüft zunächst, ob die Massensignale des Referenzspektrums im unbekannten Spektrum enthalten sind (reverse search). Eine lokale Normalisierung analog dem INCOS-Verfahren wird erst ab der Version 3.0 (1993) vorgenommen. Mit jedem aus der Vorsuche ausgewählten Spektrum wird im Verlauf der Verarbeitung vom vorliegenden unbekannten Spektrum eine Spektren-Subtraktion durchgeführt. Das Ergebnis der Subtraktion wird wiederum mit den verbleibenden Kandidaten der Vorsuche verglichen und Übereinstimmungskriterien festgehalten. Hierdurch wird dem Umstand Rechnung getragen, daß selbst bei der hochauflösenden Gaschromatographie Mischspektren durch Matrix oder Koelution detektiert werden. Insbesondere beim Einsatz der Ion-Trap-Technik wird die Full-Scan-Information einer Vielzahl von Komponenten parallel zur Auswertung verfügbar.

Die Sortierung der Resultate beim PBM-Suchverfahren erfolgt auf Basis von Wahrscheinlichkeiten, die im Verlaufe des Spektrumvergleichs ermittelt werden (Tab. 4-5). Im Vordergrund steht dabei das Ziel, eine Aussage (Class I) über die Identität eines Vorschlages zu geben. Mit der Wahrscheinlichkeit (Class IV), daß eine Verbindung mit strukturellen Merkmalen vorliegt, die wenig oder keinen Einfluß auf das Aussehen des Massenspektrums haben, wird dem Benutzer hier ein Wert zur Begutachtung ausgegeben, der deutlich darauf hinweist, daß das vorliegende Massenspektrum durch seine wenig spezifischen Fragmente durch die Massenspektrometrie allein kaum zweifelsfrei identifiziert werden kann.

In der Praxis zeigt sich, daß die Trefferquote der PBM-Suche von der Spektrenqualität abhängig ist. Diese wird durch die Aufnahmeparameter am Gerät, die Wahl des Spektrums im Peak (steigende/fallende Flanke, Maximum), Scanzeit und unterschiedliche Gerätetypen beeinflußt. Aus diesen Gründen sind in den Bibliotheken für PBM oft mehrere Spektren pro Substanz aus unterschiedlichen Quellen zu finden.

Tab. 4-5: Resultate der Benchtop/PBM-Bibliothekssuche.

Class I	Wahrscheinlichkeit, daß ein Vorschlag identisch oder stereoisomer ist.
Class IV	Wahrscheinlichkeit, daß eine Verbindung vorliegt, die strukturelle Unterschiede zur Referenz aufweist, die wenig Einfluß auf das Muster des vorliegenden Massenspektrums haben.
%-Kontamination	Gibt den Anteil an Ionen an, die nicht in der Referenz enthalten sind.

4.6 Applikationsbeispiele

Die hier aufgeführten Applikationen zeigen beispielhaft einen sehr weiten Anwendungsbereich des Massenspektrometers als Detektor in der Kapillar-Gaschromatographie. Die flexible Nutzung der Full-Scan-Datenaufnahme im EI- und CI-Modus, sowie die unterschiedlichen Aspekte der Datenauswertung, die in der Routine Anwendung finden, werden dargestellt. Auf die Aufnahme von Beispielen der SIM-Analytik, die in der Vorgehensweise der Auswertung den klassischen Detektoren gleichzusetzen ist, wurde verzichtet.

4.6.1 Bestimmung substituierter Phenole in Trinkwasser

Substituierte Phenole führen im Trinkwasser schon in geringsten Konzentrationen zu unangenehmen Geruchs- und Geschmacksempfindungen. Die unterschiedlichen phenolischen Komponenten können bei der Chlorierung des Trinkwassers aus Huminsäuren gebildet werden.

Zur Bestimmung der substituierten Phenole (Alkyl-, Chlor- und Bromphenole, Chloralkylphenole, höhere Phenole) werden diese in der Wasserprobe acetyliert und auf C_{18}-Festphasen angereichert [4-15]. Die Bestimmungsgrenzen werden je nach Substitutionsgrad zwischen 1 und 10 ng/L angegeben.

GC-Bedingungen: PTV-Kaltaufgabesystem 60 °C (0,05 min), 20 °C/s auf 250 °C (6 min); RT_x1701-Kapillarsäule, 30 m × 0,25 mm × 0,1 µm/Helium, Temperaturprogramm, 60 °C (1 min), 5 °C/min auf 150 °C, 20 °C/min auf 280 °C (4,5 min).

MS-Parameter: ITS40-GC/MS-System, EI/CI-Ionisierung, Reaktantgase Methan, Methanol, Scanbereich 50-300 u, Scanrate 1 s^{-1}, direkte Kopplung 280 °C.

In Abb. 4-11 ist das Chromatogramm (Totalionenstrom) eines Standards von substituierten Phenolacetaten (Tab. 4-6) wiedergegeben. Die Auswertung von Einzelkomponenten führt über die selektiven Massenspuren (Abb. 4-12, s. S. 152), die mit m/z 122 für die Alkylphenole, m/z 162 für die Dichlorphenole und m/z 196 für die Trichlorphenole dargestellt sind.

Durch die Verwendung eines Ion-Trap-Massenspektrometers können die phenolischen Verbindungen eines Trinkwassers selbst bei den angegebenen niedrigen Nachweisgrenzen noch durch ihr Massenspektrum identifiziert werden. Die Auswertung einer Wasserprobe (Abb. 4-13, s. S. 152) über das Totalionen-Chromatogramm und einer Massenspur ist stellvertretend für die Alkylphenole auf m/z 122 dargestellt.

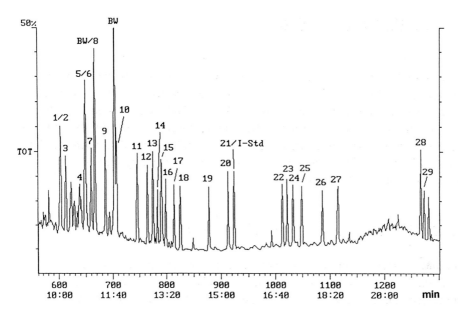

Abb. 4-11: GC/MS-Chromatogramm eines Standardgemisches von Phenolacetaten.

Tab. 4-6: Zusammensetzung des Standards aus Abb. 4-11.

1	2,6-Dimethylphenol	16	4-Chlor-3-Methylphenol
2	2-Chlorphenol	17	2,4-Dichlorphenol
3	2-Ethylphenol	18	3,5-Dichlorphenol
4	3-Chlorphenol	19	2,3-Dichlorphenol
5	2,5-Dimethylphenol	20	3,4-Dichlorphenol
6	4-Chlorphenol	21	2,4,6-Trichlorphenol
7	2,4-Dimethylphenol	22	2,3,6-Trichlorphenol
8	3-Ethylphenol	23	2,3,5-Trichlorphenol
9	3,5-Dimethylphenol	24	2,4,5-Trichlorphenol
10	2,3-Dimethylphenol	25	2,6-Dibromphenol
11	3,4-Dimethylphenol	26	2,4-Dibromphenol
12	2-Chlor-5-Methylphenol	27	2,3,4-Trichlorphenol
13	4-Chlor-2-Methylphenol	28	2,4,6-Tribromphenol
14	2,6-Dichlorphenol	29	4,6-Dichlorresorcin
15	4-Bromphenol		

Interner Standard: 2,4,6-Trichlorphenol-$^{13}C_6$.

Durch das spezifische Massenchromatogramm können die Einzelverbindungen zunächst lokalisiert werden. Anschließend werden sie über das Massenspektrum identifiziert. Trotz vielfacher Matrixbegleitung wird die Elution der Alkylphenole deutlich angezeigt.

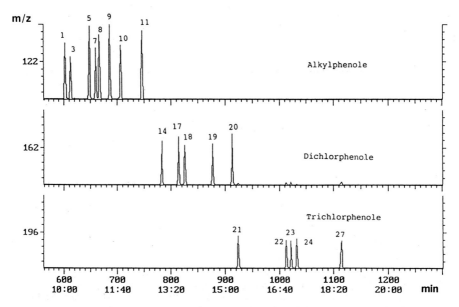

Abb. 4-12: Massenchromatogramme der Alkylphenole, Dichlorphenole und Trichlorphenole.

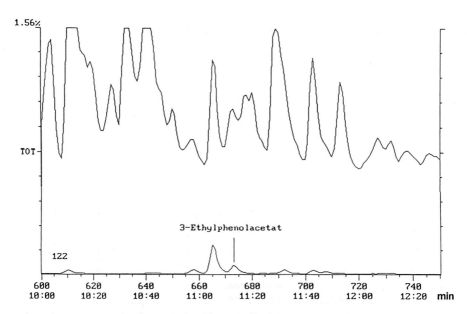

Abb. 4-13: Totalionenstrom einer Wasserprobe mit Auswertung über die Massenspur m/z 122 für Alkylphenolacetate.

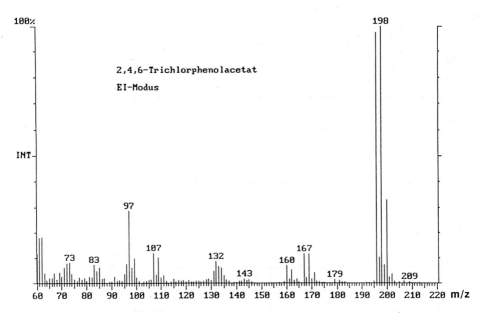

Abb. 4-14: EI-Massenspektrum von 2,4,6-Trichlorphenolacetat.

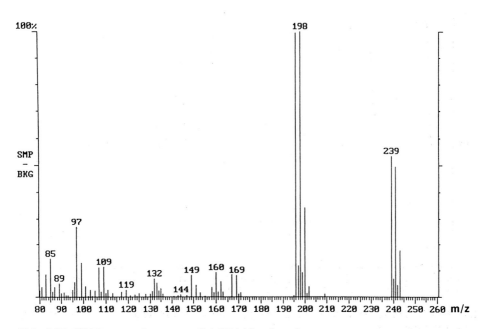

Abb. 4-15: CI-Massenspektrum von 2,4,6-Trichlorphenolacetat.

Die Identifizierung der Verbindungen erfolgt über das EI-Spektrum in Verbindung mit einer Absicherung durch das zugehörige CI-Spektrum. Für das Trichlorphenolacetat ist das EI- und CI-Spektrum (Abb. 4-14 und 4-15) dargestellt. Im EI-Modus wird das Molekülion m/z 238 nicht detektiert. Zur spezifischen Quantifizierung steht aber das intensive Chlor-Isotopenmuster m/z 196/198 zur Verfügung. Das CI-Spektrum der Verbindung weist durch die Protonierung mit Methan oder Methanol das Quasimolekül-Ion $(M+H)^+$ mit m/z 239 auf und bestätigt damit die vermutete Identität.

4.6.2 Bestimmung von PCB, PAK und Ugilec in Boden

Aufgrund der großen Verbreitung von PCB (Polychlorierte Biphenyle) und PAK (Polycyclische aromatische Kohlenwasserstoffe) in der Umwelt kommt der Routinebestimmung dieser Vielkomponenten-Gemische große Bedeutung zu. PCB-Ersatzstoffe wie z.B. Ugilec [4-16] stellen eine weitere Herausforderung für das Nachweisverfahren dar. Mit Hilfe der GC/MS-Analyse kann die gleichzeitige Bestimmung von PCB, PAK und Ugilec in einem einzigen Analysenlauf erfolgen [4-17]. Grundlage hierfür ist die Qualität der gaschromatographischen Trennung und die parallele massenspektrometrische Detektion alle Komponenten mit ihrem vollständigen Massenspektrum. Eine SIM-Analyse schließt sich hier aufgrund der Vielzahl der Komponenten ohnehin aus.

Als Probenvorbereitung bieten sich die Methoden an, die bislang für PAK eingesetzt werden. In den Extrakten sind PCB und Ugilec mit dem GC/MS-Verfahren ebenfalls gut nachweisbar. Als interne Standards werden entsprechend der EPA-Methode 8270 deuterierte Analoga der PAK eingesetzt. Diese deuterierten Standards verhalten sich in der Aufarbeitung und Chromatographie ideal vergleichbar zu den PAK. Durch die nahezu zeitgleiche Elution ist ihre Anwendung der GC/MS-Analyse vorbehalten.

GC-Bedingungen: PTV-Kaltaufgabesystem, 50°C, 12°C/s auf 320°C (15 min); HT 5-Kapillarsäule, 25 m × 0,22 mm × 0,1 µm/Wasserstoff, Temperaturprogramm 80°C (1 min), 20°C/min auf 380°C (1 min), 20°C/min auf 280°C (4,5 min).

MS-Parameter: ITD 800-MS-System, EI-Ionisierung, Scanbereich 120–400 u, Scanrate 1 s^{-1}, direkte Kopplung zur GC, Transfer-Leitung 320°C.

Ein typisches PAK-Chromatogramm ist in Abb. 4-16 dargestellt. Hieraus zeigt die Massenspur m/z 252 die Elutionsfolge der isomeren Benzofluoranthene, Benzopyrene und des Perylen (Abb. 4-17) als Detail. Die Auftrennung eines PCB-Gemisches

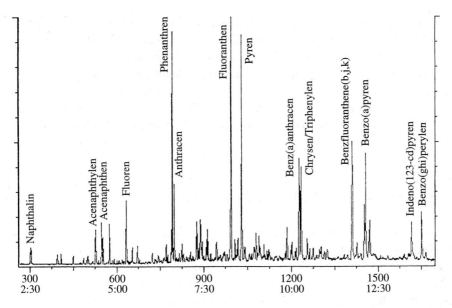

Abb. 4-16: Typische PAK-Analyse (Totalionenstrom) auf der HT 5-Kapillarsäule.

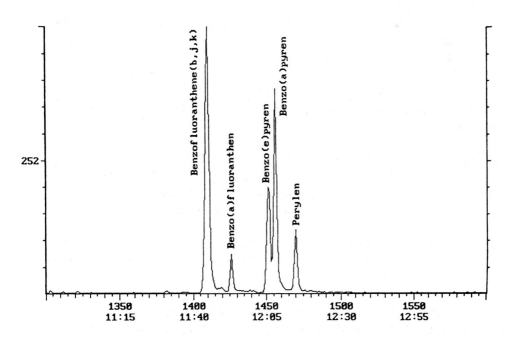

Abb. 4-17: Massenchromatogramm für m/z 252 der PAK-Analyse.

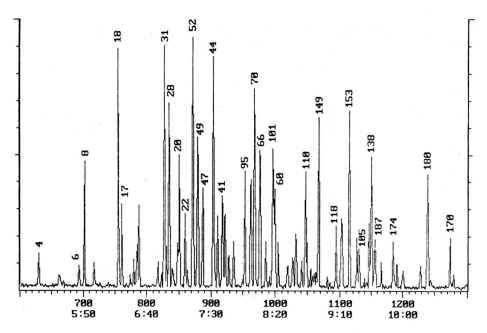

Abb. 4-18: Typische PCB-Analyse (Totalionenstrom) auf der HT 5-Kapillarsäule.

unter gleichen Bedingungen ist in Abb. 4-18 dargestellt, die Einzelkomponenten sind in der Ballschmitter-Nomenklatur gekennzeichnet. Hervorzuheben ist an dieser Stelle die Trennleistung für die PCB-Isomeren 31 und 28, die bis zur Basislinie aufgelöst sind.

Durch Wahl spezifischer Massenchromatogramme kann bei den PCB die Elution der einzelnen Chlorierungsgrade verfolgt werden. In den Abb. 4-19 bis 4-21 sind die Gruppen der Trichlorbiphenyle, Pentachlorbiphenyle und Hexachlorbiphenyle mit je einem charakteristischen Spektrum gezeigt.

Das Retentionsverhalten der PCB im Vergleich zu PAK und dem PCB-Ersatzstoff Ugilec ist in Abb. 4-22 unter den gewählten Analysenbedingungen dargestellt. Deutlich ist die Überdeckung des Retentionsbereiches der Penta- (etwa ab PCB 101) und Hexachlorbiphenyle (etwa bis PCB 153) durch Ugilec zu erkennen. Aufgrund des von den PCB gut unterscheidbaren Massenspektrums (Abb. 4-23) kann das Auftreten von Ugilec mit dem Ion-Trap-GC/MS-System neben dem Vorkommen von PCB und PAK eindeutig festgestellt werden.

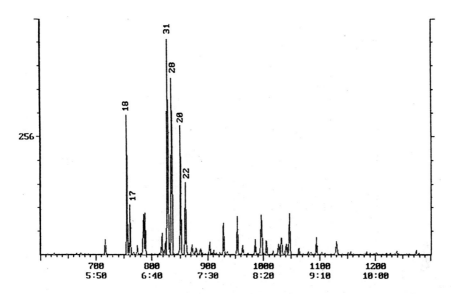

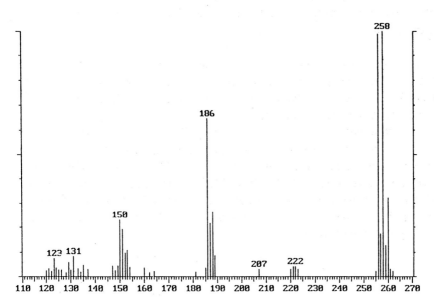

Abb. 4-19: Elutionsregion der Trichlorbiphenyle (m/z 256) und Massenspektrum eines Trichlorbiphenyls (PCB 28).

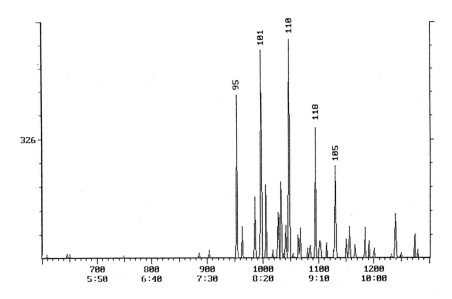

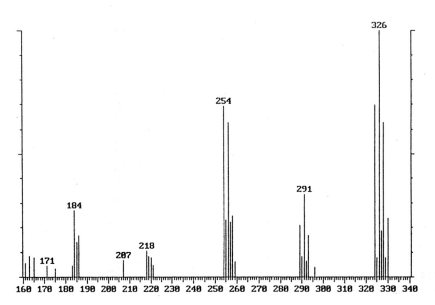

Abb. 4-20: Elutionsregion der Pentachlorbiphenyle (m/z 326) und Massenspektrum eines Pentachlorbiphenyls (PCB 101).

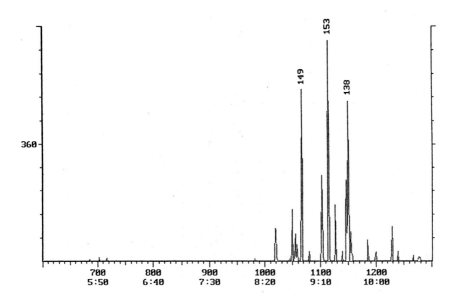

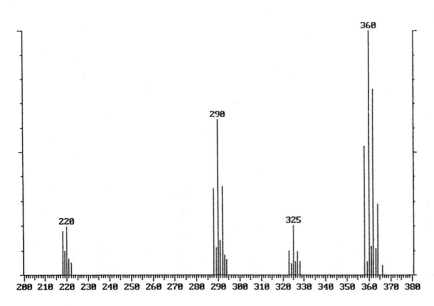

Abb. 4-21: Elutionsregion der Hexachlorbiphenyle (m/z 360) und Massenspektrum eines Hexachlorbiphenyls (PCB 153).

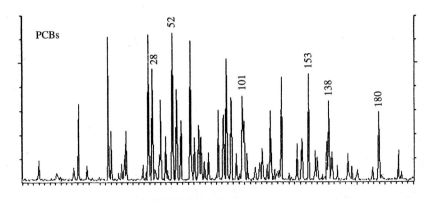

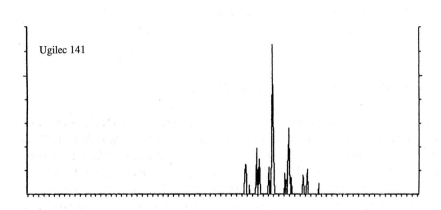

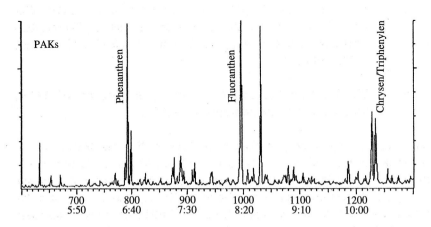

Abb. 4-22: Retentionsverhalten der PCB, Ugilec und PAK auf der HT 5-Kapillarsäule, parallele Ion-Trap-GC/MS-Detektion.

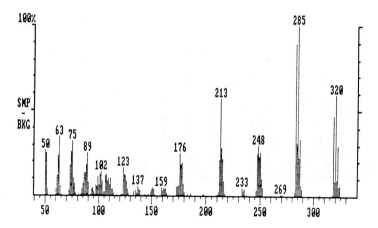

Abb. 4-23: EI-Massenspektrum eines Tetrachlorbenzyltoluol-Isomers (Ugilec).

4.6.3 Bestimmung von PAK in Stadtluft

Polycyclische Aromaten entstehen bei allen unvollständigen Verbrennungen aus organischen Stoffen. Insbesondere in den Ballungsräumen übersteigen die PAK-Konzentrationen die natürlichen Werte um ein Vielfaches. Aus der großen Stoffklasse der PAK sind 11 Substanzen als starke und 10 als schwache Kanzerogene bekannt.

Für die Bestimmung der PAK in Stadtluft [4-18] wurden Staubfilter mit Toluol extrahiert, der gewonnene Extrakt über Festphasen-Extraktion (Benzoesulfonsäure/Kieselgel) gereinigt und mittels GC/MS analysiert.

GC-Bedingungen: SPI-Injektor, 110 °C, 300 °C/min auf 300 °C (45 min); DB 5-Kapillarsäule, 30 m × 0,25 mm × 0,25 µm/Helium, Temperaturprogramm 100 °C (3 min), 10 °C/min auf 200 °C, 5 °C/min auf 310 °C (10 min).

MS-Parameter: ITS40-GC/MS-System, EI-Ionisierung, Scanbereich 100–520 u, Scanrate 1 s^{-1}, direkte Kopplung 280 °C.

Das gesamte Chromatogramm (Totalionenstrom) einer Filterstaubprobe ist in Abb. 4-24 dargestellt. Für den Retentionszeit-Bereich von 10 min bis 13 min ist ein Ausschnitt in Abb. 4-25 abgebildet, der unter dem Totalionenstrom die Massenspur m/z 182 anzeigt. In diesem Bereich eluieren Dimethyl-Biphenyl-Isomere, die über das Massenspektrum (Abb. 4-26) durch Vergleich mit der NIST-Bibliothek identifiziert wurden (Abb. 4-27). Bei der Zuordnung der Isomeren versagt methodenbedingt die Massenspektrometrie, da die Isomeren nahezu gleiche Spektren liefern.

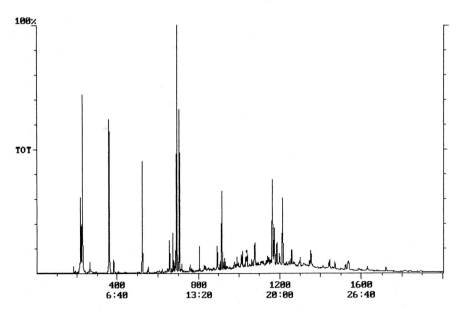

Abb. 4-24: Totalionenstrom-Chromatogramm eines Staubfilter-Extraktes.

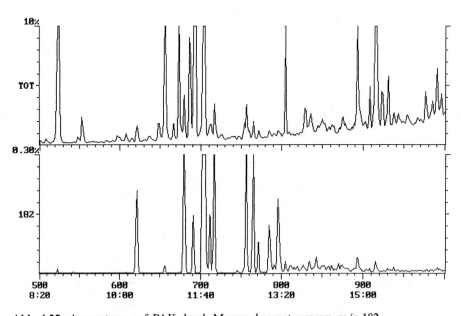

Abb. 4-25: Auswertung auf PAK durch Massenchromatogramm m/z 182.

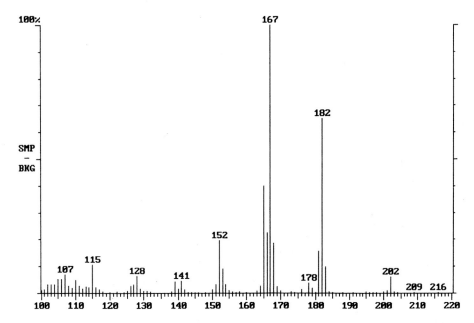

Abb. 4-26: EI-Massenspektrum eines Dimethyl-Biphenyl-Isomers.

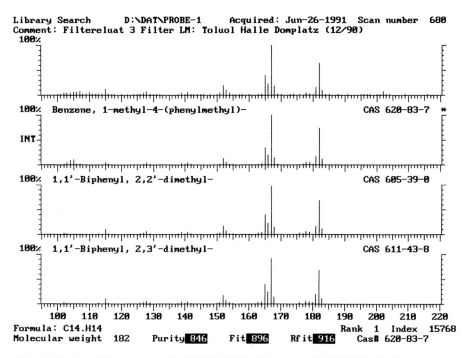

Abb. 4-27: Identifizierung durch INCOS-Bibliothekssuche (NIST-Bibliothek).

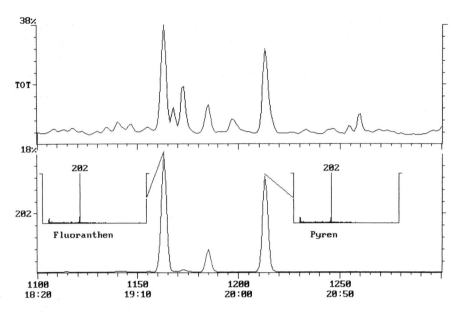

Abb. 4-28: Auswertung auf PAK durch Massenchromatogramm m/z 202 mit den Massen-spektren von Fluoranthen und Pyren.

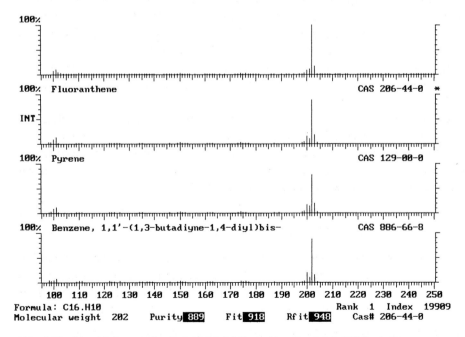

Formula: C16.H10   Rank   1   Index   19909
Molecular weight   202   Purity 889   Fit 918   Rfit 948   Cas# 206-44-0

Abb. 4-29: Identifizierung durch INCOS-Bibliothekssuche (NIST-Bibliothek).

Eine vergleichbare Situation ist für Fluoranthen und Pyren in Abb. 4-28 dargestellt. Über das spezifische Massenchromatogramm m/z 202 wird die Elution der
Komponenten dargestellt. Das Ergebnis der Bibliothekssuche (Abb. 4-29) schlägt
aufgrund der großen Ähnlichkeit der Spektren beide Isomere mit hoher Übereinstimmung (FIT > 900) vor. Für derartige Fälle ist die Kombination von Retentionszeit
und Massenspektrum, wie in Abschn. 4.6.4 ausgeführt, erforderlich.

4.6.4 SFE-Extraktion von PAK in On-Line-Kopplung
zu einem GC/MS-System

Die sehr zeitaufwendige Extraktion von PAK an der Soxhlet-Apparatur kann durch
Einsatz der SFE (Supercritical Fluid Extraction) auf 30–45 Minuten verkürzt werden. Die Extraktion mit überkritischen Fluiden ist ein schon lang bekanntes Verfahren, das heute zunehmend die instrumentelle Probenvorbereitung unter den Aspekten des geringeren Verbrauchs von Lösungsmitteln und einer erheblichen Zeiterspar-
nis revolutioniert [4-19]. Die in eine Kammer (Vessel) eingebrachte Probe wird mit
CO_2, das durch eine Kolbenpumpe in den überkritischen Zustand verdichtet wurde,
durchströmt (Abb. 4-30). Bewährt hat sich ein statischer Schritt, der die Matrix auf-
schließt, gefolgt von dem dynamischen Schritt, der die Analysenkomponenten aus
der Matrix eluiert. Neben der Sammlung und analysenfertigen Vorbereitung von
Extrakten in Autosampler-Flaschen bietet die On-Line-Kopplung zur Gaschromatographie weitere Vorteile in bezug auf Empfindlichkeit und weiterreichender Automation. Für die On-Line-Kopplung (Abb. 4-31) wird eine beheizte Fused-Silica-Trans-
fer-Leitung bis in den Insert-Liner eines PTV-Kaltaufgabesystems gebracht. Durch
kontrollierte Beheizung wird an dieser Stelle die Entspannung des CO_2 erreicht und
der Extrakt im Injektor angereichert. Nach Ende der Extraktion wird wie gewohnt
mit Split oder splitlos dosiert.

Zum Vergleich zu den in den vorigen Applikationen erläuterten PAK-Bestimmun-
gen wird in diesem Beispiel die On-Line-Extraktion und GC/MS-Analyse mit auto-
matischer Auswertung auf PAK dargestellt [4-20]. Zur Auswertung der Daten wird
das Prinzip der Target-Compound-Analyse eingesetzt, das eine Kombination von
Retentionszeit- und Massenspektrum-Vergleich zuläßt.

SFE-Extraktion: Prepmaster, 60 °C (10 min) statisch, 60 °C (20 min) dynamisch,
450 bar CO_2 (Reinheit 5.0).

GC-Bedingungen: PTV-Kaltaufgabesystem 60 °C (30 min), während Extraktion,
20 °C/s auf 320 °C (20 min), zur Injektion; HT 8-Kapillarsäule,
30 m × 0,25 mm × 0,25 μm / Helium, Temperaturprogramm
60 °C (30 min), während Extraktion 10 °C/min auf 330 °C.

MS-Parameter: MAGNUM-GC/MS-System, EI-Ionisierung, Scanbereich
50– 300 u, Scanrate 1 s^{-1}, direkte Kopplung 300 °C.

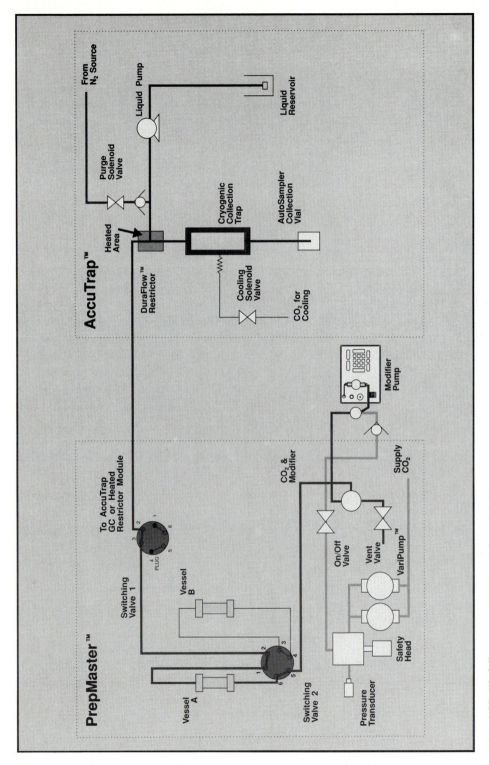

Abb. 4-30: Flußdiagramm SFE-Extraktionseinheit.

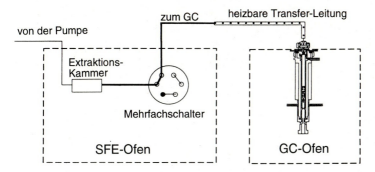

Abb. 4-31: Schema der On-Line-SFE-GC-Kopplung.

Das Gesamtchromatogramm der On-Line-Analyse einer Bodenprobe auf PAK ist in Abb. 4-32 dargestellt. Die Qualität der gaschromatographischen Trennung und der Detektion mit dem Ion-Trap-Massenspektrometer wird durch die On-Line-Kopplung mit der SFE nicht beeinflußt. Zur automatischen Auswertung des Chromatogrammes auf PAK wird auf eine Kalibrierdatei zurückgegriffen, die für jede zu ermit-

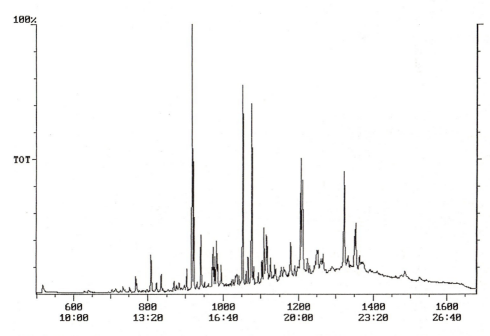

Abb. 4-32: Totalionenstrom-Chromatogramm der On-Line-SFE-Extraktion eines Bodens auf PAK.

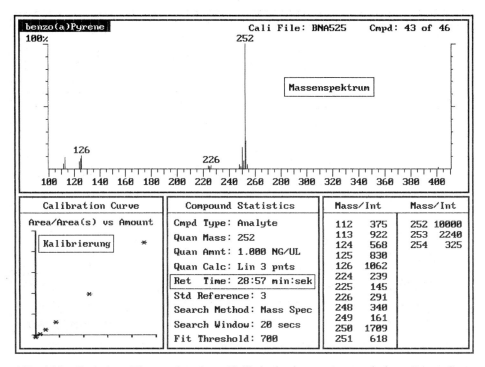

Abb. 4-33: Typischer Eintrag in einer Kalibrierdatei zur automatischen Target-Compound-Analyse durch kombinierte Auswertung von Massenspektrum, Retentionszeit und quantitativer Kalibrierung.

telnde Komponente Massenspektrum, Retentionszeit, Suchfenster, Quantifizierungs- masse und Kalibrierung neben weiteren Parametern enthält (Abb. 4-33).

Bei der Auswertung wird eine bestimmte Komponente zunächst an der vorgegebe- nen Retentionszeit gesucht, indem im Suchfenster ein Vergleich der Massenspektren durchgeführt wird. Erst nach eindeutiger Identifizierung der gesuchten Komponente wird ein Peak integriert und quantifiziert. Der laufende Vorgang der Identifizierung und Peak-Integration wird in Abb. 4-34 dargestellt. Im linken oberen Bildabschnitt wird das Chromatogramm an der jeweils erwarteten Retentionszeit einer Kompo- nente dargestellt. Rechts oben ist der Spektrumvergleich zur Bewertung angezeigt. Die Angaben zur Identitätsüberprüfung (FIT) und Peak-Integration sind in der unte- ren Bildhälfte für jede gefundene Komponente dargestellt. Ein zusammenfassender Report wird anschließend für jedes durchsuchte Chromatogramm erstellt.

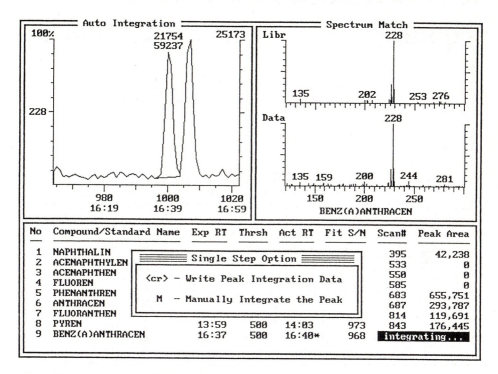

Abb. 4-34: Automatische Suche, Identifizierung und Integration von Komponenten der Kalibrierdatei.

4.6.5 Bestimmung von Clenbuterol

Clenbuterol wird nicht nur zu Dopingzwecken benutzt. Als Human- und Tierarznei-mittel eingesetzt, fand die Substanz mißbräuchliche Verwendung als Masthilfsmittel. Zur Identifizierung von Clenbuterol in Fleisch ist eine Analysenmethode erforder-lich, die eine hohe Nachweissicherheit im Spurenbereich bietet. Für Clenbuterol hat sich aus diesem Grund die GC/MS-Methode mit chemischer Ionisierung etabliert.

Für das GC/MS-Verfahren [4-21] wird Clenbuterol mit Hexamethyldisilazan zur Trimethyl-silyl-Verbindung (Clenbuterol-TMS) derivatisiert. Als Reaktantgas für die Detektion mit chemischer Ionisierung wird Methan eingesetzt.

GC-Bedingungen: Injektor 270 °C isotherm, splitlos, DB 5-Kapillarsäule, 30 m × 0,25 mm × 0,25 µm / Helium, Temperaturprogramm 80 °C (1 min), 20 °C/min auf 160 °C, 10 °C/min auf 250 °C (1 min).

MS-Parameter: ITS40-GC/MS-System, CI-Ionisierung, Manifold-Temperatur 180 °C, Reaktantgas Methan, Scanbereich 120–400 u, Scanrate 1 s^{-1}, direkte Kopplung 280 °C.

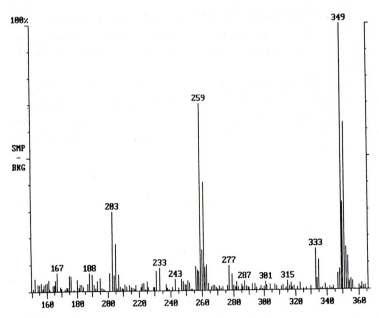

Abb. 4-35: CI-Massenspektrum von Clenbuterol-TMS, Reaktantgas Methan.

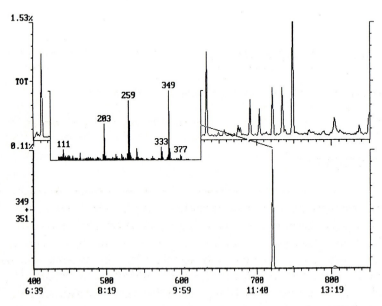

Abb. 4-36: Totalionenstrom und Massenchromatogramm einer Clenbuterol-Analyse, CI-Methan.

Das CI-Massenspektrum von Clenbuterol-TMS (Abb. 4-35) weist als Basispeak das Quasimolekülion $(M+H)^+$ m/z 349 mit dem Isotopenmuster zweier Cl-Atome auf. Die auftretende Fragmentierung ist aufgrund des Einsatzes von Methan als Reaktantgas nicht zu vermeiden.

In einem typischen CI-Chromatogramm (Abb. 4-36) kann die Elution von Clenbuterol-TMS durch die spezifische Massenspur m/z 349/351 deutlich sichtbar dargestellt werden. Diese Ionen werden ebenfalls zum Aufbau der Quantifizierung eingesetzt. In Abb. 4-37 ist die Kalibrierung für Clenbuterol-TMS im Bereich von 25 pg bis 2 ng Injektionsmenge dargestellt.

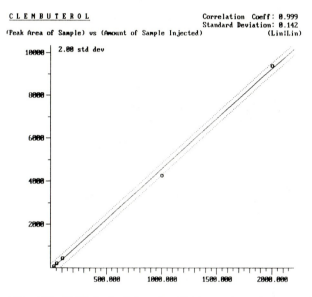

Abb. 4-37: Kalibrierfunktion der Clenbuterol-Bestimmung durch CI-GC/MS.

4.7 Zusammenfassung

Mit dem Massenspektrometer steht der hochauflösenden Kapillar-Gaschromatographie ein äußerst leistungsfähiges und flexibles Detektionssystem zur Verfügung. Durch die Wahl der Analysator-Typen sind exakte Massenbestimmungen, Screenings und Multikomponenten-Analysen in der durch die jeweilige Aufgabenstellung erforderlichen Präzision und Sicherheit verfügbar. Die große Einsatzbreite wird einerseits durch die universelle EI-Ionisierung ermöglicht. Gleichzeitig werden äußerst spezifische Detektionsaufgaben durch Wahl der Hochauflösung oder Techniken der chemischen Ionisierung zugänglich.

Als ideal ist heute die GC/MS-Kopplungstechnik zu beschreiben, die beiden ehemals eigenständigen Verfahren — offene und direkte Kopplung — Spielraum für die jeweils optimalen Bedingungen zukommen läßt, ohne durch die Kopplung zu analytischen Restriktionen zu führen. Durch die rasante Entwicklung der Rechnertechnik ist die automatische und zielgerichtete Aufbereitung von Analysendaten aus der großen Informationsmenge der GC/MS schnell und umfassend möglich. Die Kombination der Auswertung von direkter Substanzinformation mit spezifischer Quantifizierung stellt der Gaschromatographie ein Referenzverfahren zur Verfügung, das in anderen chromatographischen Disziplinen seinesgleichen sucht.

Danksagung

Für die Überlassung der Ergebnisse aus der Untersuchung einer Zitronenprobe auf Pflanzenschutzmittel im EI- und CI-Modus danke ich Herrn B. Rönnefahrt vom Chemischen Untersuchungsamt der Stadt Hamm sowie Herrn Dr. Schlett von der Gelsenwasser AG in Gelsenkirchen für die Überlassung der Analysedaten zur Phenolanalytik in Trinkwasser.

4.8 Literatur

[4-1] Budzikiewicz, H., *Massenspektroskopie,* Weinheim: VCH Verlagsgesellschaft, 1992.

[4-2] Howe, I., Williams, D., Bowen, R., *Mass Spectrometry,* New York: McGraw Hill, 1981.

[4-3] Cooks, R.G., Glish, G.L., McLuckey, S.A., Kaiser, R.E., *Chem.Eng.News* **1991,** *69,* 26–41.

[4-4] Rönnefahrt, pers. Mitteilung.

[4-5] Hübschmann, H.J., *LaborPraxis* **1990,** *10,* 808–812.

[4-6] Hübschmann, H.J., *LaborPraxis* **1990,** *12,* 1014-1017.

[4-7] Harrison, A.G., *Chemical Ionization Mass Spectrometry,* Boca Raton: CRC 1983.

[4-8] Munson, M.S.B., Field, F.H., *J. Am. Chem. Soc.* **1966,** *88,* 4337.

[4-9] Budzikiewicz, H., *Angew. Chem.* **1981,** *93,* 635–649.

[4-10] Henneberg, D., Weimann, B., *Spectra* **1984,** S. 11–14.

[4-11] Davies, A.N., *Spectroscopy Europe* **1993,** *5(1),* 34-38.

[4-12] Hübschmann, H.J., *LABO Analytica* **1992** *(4),* 102–118.

[4-13] Sokolow, S., Karnovsky, J., Gustafson, P., The Finnigan Library Search Program, *Finnigan MAT Applikation* No. 2, 1978.

[4-14] Palisade Corporation, *Benchtop/PBM Users Guide,* 1991.

[4-15] Schlett, C., Pfeiffer, B., Bestimmung substituierter Phenole unterhalb des Geruchsschwellenwertes, *Vom Wasser* **1992,** *79,* 65–74.

[4-16] Fürst, P., Krüger, Ch., Meemken, H.A., Groebel, W., *Z. Lebensm. Unters. Forsch.* **1987,** *185,* 394-397.

[4-17] Brand, H., *Gewässerschutz-Wasser-Abwasser* **1990,** *114.*

[4-18] Hahne, F., Schumann, H., Tillmanns, U., *Finnigan MAT Application Report* No. 84, 1991.

[4-19] Levy, J.M., Advances in analytical SFE, *Am. Laboratory,* **1991.**

[4-20] Hellfeier, L., Automation der SFE, *INCOM Düsseldorf,* März **1993.**

[4-21] Tillmanns, U., *Finnigan MAT Application Report* No. 74, 1990.

Register

Die Praxis der instrumentellen Analytik

Herausgegeben von
U. Gruber und W. Klein

Wolfgang Gottwald

RP-HPLC
für Anwender

1993. Ca. 240 Seiten mit ca. 60 Abbildungen. Broschur. DM 58.00.
ISBN 3-527-28518-0 VCH Weinheim.

Dieser Band der Reihe 'Praxis der instrumentellen Analytik' ist ausgesprochen anwendungsbezogen und behandelt die in modernen Laboratorien am häufigsten eingesetzte Analysemethode, die Hochleistungs Flüssigkeitschromatographie. Neben Grundlagen werden auch Tests, die notwendige Statistik und die Methodik der Fehlersuche genau beschrieben.

Nach der Lektüre des Buches und der Durchführung der beschriebenen praktischen Versuche ist der Anwender in der Lage, die Hintergründe dieser Methode zu verstehen und sie sicher anzuwenden.

Qualifiziertes Laborpersonal in Analytik-Laboratorien, Schüler von Fachhochschulen, Studenten der ersten Semester und Auszubildende in der Chemie können sich anhand dieses Lehr- und Übungsbuches einen hervorragenden Überblick über diese Analysemethode verschaffen.

Stand der Daten: November 1993

Ihre Bestellung richten Sie bitte an Ihre Buchhandlung oder an:

VCH, Postfach 10 11 61, D-69451 Weinheim, Telefax 0 62 01 - 60 61 84
VCH, Hardstrasse 10, Postfach, CH-4020 Basel

Pfleger, K. / Maurer, H. H. / Weber, A.

Mass Spectral and GC Data

of Drugs, Poisons, Pesticides, Pollutants and Their Metabolites

Parts 1, 2, 3

Second, revised and enlarged edition

1992. XXX, 3378 pages. Hardcover.
DM 1290.00.
ISBN 3-527-26989-4

The new edition of this famous collection:

- triples the number of spectra (4370 entries)
- now includes pesticides and pollutants
- also allows identification of doping agents
- offers nearly complete coverage of centrally active drugs, designer drugs, registerd pesticides, pollutants, organic solvents

Unmatched in scope, quality and reliability, this collection is the result of a unique effort. It is indispensable for laboratories in this field all over the world.

Date of Information: November, 1993

VCH, P. O. Box 10 11 61, D-69451 Weinheim,
Telefax (0) 6201 - 60 61 84
VCH, Hardstrasse 10, P. O. Box, CH-4020 Basel
VCH, 8 Wellington Court, Cambridge CB1 1HZ, UK
VCH, 220 East 23rd Street, New York, NY 10010-4606,
USA (toll free: 1-800-367-8249)
VCH, Eikow Building, 10-9 Hongo 1-chome,
Bunkyo-ku,Tokyo 113

VCH

Anwendungsbeispiele die funktionieren!

Die Kapillargaschromatographie ist eine der wichtigsten analytischen Methoden. Mit ihr können z. B. Dioxine in Gemüseproben oder die Bestrahlung von Lebensmitteln nachgewiesen werden.

Anorganische Spurenbestandteile, wie etwa Schwermetalle, gehören in der Lebensmittel- und Umweltanalytik zu den am häufigsten zu bestimmenden Komponenten.

In zwei Bänden geben Experten anhand aktueller, geprüfter Beispiele ihre Erfahrungen auf dem Gebiet der Lebensmittel- und Umweltanalytik wieder. Sie verraten Tips und Tricks und geben dem Leser wertvolle Anregungen zur Lösung der eigenen analytischen Fragestellungen.

Der Herausgeber leitet seit mehreren Jahren mit großem Erfolg GDCh-Fortbildungsseminare zur anorganischen Spurenanalytik in Lebensmitteln und Umweltmatrices sowie zur Kapillar-GC. Die Auswahl der Themen und ihre Darstellung fußt auf diesen langjährigen Erfahrungen.

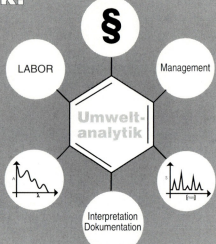